儿童行为问题管理手册

文静　编著

中国华侨出版社

图书在版编目（CIP）数据

儿童行为问题管理手册 / 文静编著. —北京：中国华侨出版社，2017.3

ISBN 978-7-5113-6718-1

Ⅰ. ①儿…　Ⅱ. ①文…　Ⅲ. ①儿童—行为—管理—手册　Ⅳ. ①B844.1-62

中国版本图书馆CIP数据核字（2017）058540号

●儿童行为问题管理手册

编　　者/文　静
责任编辑/文　蕾
封面设计/一个人 · 设计
经　　销/新华书店
开　　本/710毫米×1000毫米　1/16　印张/17　字数/230千字
印　　刷/北京溢漾印刷有限公司
版　　次/2017年7月第1版　2017年7月第1次印刷
书　　号/ISBN 978-7-5113-6718-1
定　　价/34.80元

中国华侨出版社　北京市朝阳区静安里26号通成达大厦3层　邮编100028
法律顾问：陈鹰律师事务所
编辑部：（010）64443056　64443979
发行部：（010）64443051　传真：64439708
网　址：www.oveaschin.com
E-mail：oveaschin@sina.com

前言
PREFACE

“不学礼，无以立”。在现代社会中，很多时候礼仪的重要性高过学问，高过能力。一个不懂礼仪的人，就会因为处处失礼而遭人轻视、耻笑，不被人信任和重用，不仅如此，还会在无形间为自己四处树敌，招致各种危机和损失。相反，那些懂得礼仪并能遵守礼仪的人，往往能够得到他人的尊重，赢得他人的欣赏和信任，从而更易获取机遇，成就自己。因此，让我们的孩子学会为人处世的礼仪，是他们将来行走社会的基本要求，也是畅行社会的基本能力。

可以说，礼仪就是孩子做人的“身份证”，是孩子随身携带的“教养名片”。孩子的文明礼仪必须从小培养，否则就会形成坏习惯，一旦形成坏习惯，再改就很难了。父母能否从小培养孩子良好的文明礼仪，对孩子来说真的会影响终生。

我有个朋友，对孩子学习方面的培养可谓尽心尽力，孩子也不负所望，成了“学霸”，但是，她在孩子的礼仪培养上投入的精力却很少，在她看来，只要孩子能考上好大学，其他的都不重要。朋友的这个孩子在升学考试上可谓一路绿灯，不仅考上了名牌大学，而且在大学里顺利通过各种考试，成功申请到美国留学。然而，就在面试通过，各项手续齐备，只等签证下来就可远渡重洋的时候，意外却发生了！

那天，朋友带着孩子去领签证，孩子一时兴奋得忘乎所以，在听到自己名字的时候，激动得跳了起来，脱口而出就是几句脏话。这一幕恰巧被签证处的一位工作人员看到了，结果她走到主管领导办公室，跟领导谈了一会儿。

当孩子走进办公室的时候，签证处的领导告知他：“对不起，我们很遗憾地通知您，虽然您的成绩和能力都非常优秀，但您的综合素质并不过关，所以我们不能给您签证。”

“综合素质？”孩子吃惊地愣在当场。

签证处领导继续说：“我们认为，对一个人来说，能力和成绩是价值的一种证明，但综合素质却是更加重要的体现，它是一个人品行的象征，我们非常注重这项考核，事实上，许多人都是因为综合素质不过关而得不到签证的。”

当孩子几乎哭着走出来的时候，我的这位朋友才明白，礼仪教育对孩子而言是多么重要，孩子的梦想，可以说就被自己刚才的不礼貌行为毁了。

事实上，古往今来，礼仪都和我们紧密相关。有研究表明：在世界500强企业中，那些成功人士具备的不是高智商或高学历，而是高情商。可以说，良好的礼仪能提高孩子的情商，帮助孩子追求事业的成功。

一个人的礼，就是一面照出他形像的镜子。家长对孩子进行礼仪教育不是一般的礼貌教育，而是一种道德品质的培养。孩子处于心理与行为发展的关键时期，加强礼仪教育，有助于儿童形成健全的人格。

本着这一宗旨，笔者全面、系统地归纳、阐释了孩子必须懂得的礼仪常识，内容涉及仪表、言谈、品格、情绪、行为、家庭、校园、社会八个方面。让家长和孩子一书在手，尽知礼仪常识，让父母系统、科学地在日常生活中帮助孩子不断提高礼仪修养，让孩子的言谈举止更加自信和得体，使他们的人际交往更加顺利。

目录

CONTENTS

01 形象篇

从小教孩子做个得体的人

英国的形象设计师罗伯特·庞德说："这是一个两分钟的世界，你只有一分钟展示给人们你是谁，另一分钟让他们喜欢你。"大人如是，孩子亦如是。美丽优雅、阳光帅气，需从孩童抓起，孩子要从小培养良好的个人礼仪形象，这对他们的一生都有深远影响。

02 言谈篇

会说话的孩子人见人夸

语言是社会交际中最主要的交流方式，优秀的沟通能力甚至比大学文凭更加重要。一个会表达的人，往往会快速地赢得别人的高度评价，这种评价甚至会超出他们本身具备的才华。因此，父母需要培养孩子文明讲话的习惯和能力，帮助他们打开通往外部世界的大门。

03 品格篇
内在个性造就非凡儿童

个性是一个人生活经历的积淀和反映，是人与环境及教育相互作用的产物，幼儿的个性正处在塑造的关键时期。我们要用爱的眼睛去发现孩子，用爱的鼓励去调动孩子，用爱的感觉去滋养孩子，用爱的行为去影响孩子，让孩子学会爱，学会快乐地成长。

04 情绪篇
情商高的孩子从小就受欢迎

不良情绪对孩子的影响很大。不良情绪阻碍孩子的智力活动，影响孩子学习生活的效率；不良情绪会导致孩子人际关系的不佳；不良情绪也会导致孩子对自我的不满，从而影响孩子良好自我意象的形成。因此，培养儿童良好的情绪是父母不容忽视的课题。

05 行为篇
儿时的陋习足以毁掉孩子的一生

西方教育学者曾指出："好的习惯比法律还正确。"幼儿正处于人生的初始阶段，一切都要学习，可塑性强，自控能力较差，既是养成良好行为习惯的关键时期，又是沾染不良行为习惯的危险阶段，如果不适时培养良好的行为习惯，便会错失良机，养成不良行为习惯。而积习难改，会给未来人生的发展带来难以弥补的遗憾。

06 家庭篇

关爱，从家里人开始

孩子思想单纯，可塑性强，父母的一言一行都会给孩子留下深刻印象，孩子最早的模仿对象就是父母。所以在家中，一方面，父母要积极培养孩子文明礼貌的习惯，引导幼儿关心他人、同情他人和尊重他人；另一方面，也应不断提高自身的修养和素质，努力创造一个温馨、友爱、文明和谐的家庭气氛，潜移默化地熏陶孩子的心灵。

07 校园篇
让老师和同学都为孩子鼓掌叫好

良好的校园行为，是保证孩子顺利学习的前提，也是树立健康人格的基础。在学校，有了良好的文明行为习惯，才能构建出优良的学习环境，创设出优良的学习气氛。在日常生活中，父母应注重孩子良好校园行为的培养，为孩子学习、生活的和谐稳定，铸造一个良好的基础。

08 社会篇

引导孩子成为人见人爱的小小社交家

社交是一生的必修课，是现代人必需的一种基本的生存技能。天下哪对父母不希望子女事业有成，生活幸福呢？只有从小培养孩子良好的社交才能，才会让他们在人生旅途中有良好的发展。因为会社交的人不论从事何种职业，都会得到众人的鼎力相助，使得他们能在人生的道路上不断地改变自己、突破自己，从而成为人生的大赢家。

01

形象篇

从小教孩子做个得体的人

英国的形象设计师罗伯特·庞德说：“这是一个两分钟的世界，你只有一分钟展示给人们你是谁，另一分钟让他们喜欢你。”大人如是，孩子亦如是。美丽优雅、阳光帅气，需从孩童抓起，孩子要从小培养良好的个人礼仪形象，这对他们的一生都有深远影响。

让孩子穿得像个孩子

随着国民物质文化生活的进一步提高，孩子们的着装越来越多样化，幼儿服装的样式、色彩非常丰富，每到季节变换和儿童节、春节时，童装市场更是看好，商家忙着挣钱，家长们为孩子选择服装也颇费工夫。为孩子选择服装的标准是什么呢?

家长们应该认识到，着装，并不简单指穿衣戴帽，着装也讲究礼仪。着装既是一门学问，也可以说是一门艺术。它是在自身年龄、身份、身材特点、审美情趣和阅历修养的基础之上，根据不同的时间、场合、目的和场地等相关因素对所穿的服装进行合理的选择、搭配和组合。少年儿童着装应力求朴素大方、整洁美观、充分体现出小孩子的自然美，体现童真童趣，展现出健康活泼的精神风貌。

具体来说，家长在为孩子选择服装时，应着重注意以下两个问题：

（一）安全问题

服饰不安全对于孩子来说隐患很多，而且这些隐患并不容易被家长发现。尤其是对年龄比较小的孩子而言，不注意这个问题，甚至会造成极其严重的后果。比如，三四岁的孩子手部肌肉发育较差，不能完成独立系鞋带这样的困难动作，如果孩子在幼儿园鞋带没有系好，而老师也没有及时发现，就很容易踩到鞋带摔倒，造成身体损伤甚至骨折。

因而建议家长，在为幼儿选择服装时，一定要考虑周到，将隐患消除于无形：

1. 幼儿着装应便于活动。具体来说，服装的大小要合身，便于孩子的活动玩耍，服装的造型应简洁明快，服装可以宽松些，不然会影响孩子血液循环和生长发育，使孩子们的活动受到阻碍。

2. 便于孩子自己穿脱。服装要便于孩子自己穿脱，让孩子们从小学会自理生活。所以家长选择时应考虑：

①尽可能在前面开襟，纽扣、拉链在幼儿能看到和摸到的地方；

②便于分辨前后，最好有口袋和装饰图案；

③幼儿的鞋子应选择不系鞋带的，因为系鞋带动作过难，幼儿不易掌握，鞋带过长、过松都会影响到小朋友的活动与安全。若买回了有鞋带的鞋子，可把鞋带换成松紧带，既免去了幼儿系鞋带之苦，也便于孩子自己穿脱。

3. 适合幼儿集体生活。服装的式样与衣料的花色、质地不宜过于精致，背带裤就很不适合幼儿集体生活时穿着。在集体活动时，不应穿带有响声的服饰，以免分散教师和小朋友的注意力。

（二）文明问题

孩子们经常出入的场合有三个：学校、家和公共场所。不同的场所对孩子们的着装有着不同的要求。但是，在日常生活中，孩子们经常有以下不文明的衣着现象：

1.“不洁”。主要表现在五个环节上，即衣领不洁，袖口不洁，胸前不洁，裤脚不洁，鞋子不洁。

2.“不整”。或是不扣好衣扣，或是不系好腰带、鞋带，或是内衣比外衣长，或是帽子歪着戴，或是袖子、裤脚高高卷起，或是忘了拉裤子的拉链等。

3.“不美”。有的人服装与环境、气氛不协调。不分场合，胡乱穿衣。

如果穿着跳舞的服装去挤公共汽车，或是穿着学校军训时的迷彩服去参加一个生日宴会，那会出现什么情景呢？肯定有人认为他的着装出了问题。

孩子穿衣美不美，主要责任在家长，因为孩子本身的审美能力并不成熟，对于服饰的礼仪穿搭也是一知半解，这就需要家长多用心、多费力了。一般来说，孩子的衣着如果能够从总体上做到“端庄大方又不失文雅，朴实自然又不失个性”就可以说是非常成功了。具体地说，可以特别注意如下几个方面：

1. 款式不要太过复杂，上面的装饰也不要过多，简洁中更能体现出一个人的品位。

2. 一定要保持洁净，勤洗勤换，衣服洗好之后家长应帮孩子整理平整，挂在衣柜中，避免穿着时满身褶皱。

3. 在家可以着装相对舒适随意些，如有客人来访，一定要换装，以表示尊重。

4. 绝对不可以穿背心、睡衣、拖鞋出入公共场所。

5. 任何时候都不可以在公共场所随意脱鞋。夏天天热的时候，有的孩子把鞋脱下来踩在脚下，有的鞋半吊在脚上晃来晃去，这些都是极不文明的行为。

6. 尽量不要在衣服口袋里放置物品，特别是贴身的衣服。很多孩子习惯把笔、橡皮、小玩具等物品放在兜里，这样不仅影响服装的美观，还会影响日常活动，甚至可能会造成危险。

总而言之，家长应该让孩子明白，我们穿衣服不但要保暖而且要整齐、干净，这是对自己的尊重，也是对别人的尊重。因为，一个整洁、干净的孩子谁看了都会喜欢。当然，关于相互尊重的问题也许孩子暂时还不能完全理解，但至少家长一再强调，引起他们注意的概率会大一些。

卫生习惯要从小抓起

一个国家的公民是否文明，是一个国家进步与发展的标志。良好的卫生习惯作为文明人的重要素质之一，如何养成尤为重要。

中国有句俗话，“三岁孩童看到老”，充分说明了孩童时期的教育培养对于孩子一生的影响力之大，事实上，孩子很多好的、不好的习惯都是在这一时期养成并伴随孩子一生的。家长应尤其注意。

（一）良好的卫生习惯要从幼儿期开始培养

1. 幼儿对外界的影响最敏感，喜欢模仿成人行为，愿意照着大人的话去做，并在大脑中留下深刻的痕迹，形成一些定型的概念并逐渐养成行为习惯。但幼儿辨别是非能力差，学好学坏都在无意识之中。所以家长应在这一时期加强对幼儿良好卫生习惯的培养，可以达到事半功倍的效果。

2. 幼儿正处于生长发育的关键时期，这一阶段孩子的身体十分娇嫩，如不养成讲卫生、爱清洁、有规律的生活习惯，就会给身体发育带来危害，影响孩子的健康成长。

3. 如果幼儿时期由于家长教育失当而形成了不良卫生习惯，成人后要想加以矫正就非常困难。这会对孩子的一生产生重大影响。

（二）良好的卫生习惯内容

幼儿良好卫生习惯包括两方面：

1. 卫生习惯

①洗手洗脸的习惯；洗头、洗脚和洗澡的习惯；早晚刷牙和饭后漱口的习惯；剪指甲和保持衣服整洁的习惯等。

②不乱扔果皮，不随地吐痰、大小便，就是保持公共环境卫生。孩子作为社会小公民，也要注意公共卫生，这样才能赢得更多人的尊重。

孩子讲公共卫生，也是讲社会公德的表现。孩子作为社会未来的主人，爸爸妈妈一定要注意培养他讲公共卫生的好习惯。

2. 生活习惯

①饮食习惯。饭前便后要洗手，不用手抓食菜肴，生吃瓜果要洗净等，这些都属于良好的卫生饮食习惯，能够有效防止孩子的“病从口入”。另外，孩子饮食要定时定量、不挑食、不偏食。

②作息习惯。要有生活规律，在规定的时间里就餐、睡觉、休息、学习和游戏活动等，养成有规律的生活习惯。

③自理习惯。爸爸妈妈要教会孩子基本的自理能力，让孩子定时洗脸、洗头、洗手、刷牙、洗澡、换衣、剪指甲，保持身体及服装的整洁。孩子不依赖妈妈，就能养成保持个人清洁的好习惯。

④睡眠习惯。要培养孩子养成独自上床、按时睡觉起床、保持正确的睡眠姿势、不骚扰他人的良好睡眠习惯。

（三）帮助孩子养成良好的卫生习惯

1. 帮助孩子持之以恒

孩子良好的卫生习惯不是一朝一夕就可养成的，它是一个不断强调、不断巩固、不断提高的过程，所以爸爸妈妈一定要有耐心，帮助孩子持之以恒。如：孩子每天外出玩耍或是从幼儿园回来以后，必须用毛巾擦手；饭前便后一定要洗手等，这些规矩家长要给孩子定下来，并认真执行，要求孩子必须遵守，孩子才会习以为常，形成自觉的行动。

2. 步调一致，共同监督

父母要达成共识，和孩子保持步调一致，这样良好卫生习惯才能很好地培养起来。如果爸爸妈妈一会儿“左”，一会儿“右”，模棱两可，孩子就会无所适从，结果随心所欲，永远也达不到目的。如在要求孩子洗手时，爸爸妈妈也要与孩子一起洗手，并在与孩子共同活动中，做出洗手的正确方法，让孩子模仿。

3. 发挥榜样作用

孩子的模仿力极强，他们模仿的主要对象是老师、家长，爸爸妈妈不但与孩子朝夕相处，而且在孩子心中具有很大的权威性，言行举止具有极强的感染力。为此，作为家长，我们首先应注意自己的行为，真正成为孩子的表率。孩子在爸爸妈妈良好行为潜移默化的影响下，自然而然也会形成了好的习惯。

另外，故事、诗歌、歌曲、影视作品中的艺术形象也有很强的榜样力和感染力，孩子也很喜欢模仿。因此，爸爸妈妈可在这方面下些功夫，引导孩子接触好的艺术作品，通过这些最直接、最具体、最形象的影响来培养孩子良好的卫生习惯。

4. 提高孩子对美的正确认识

爱美之心，人皆有之。孩子从很小的时候就知道爱美了，但他们认识能力的发展还不成熟，对“美”还缺乏鉴赏能力，缺少必需的知识，常常表现为表面的模仿。因此，爸爸妈妈应以身作则，注意自身的言谈举止、服饰打扮，将自己健康、正确的审美观念去潜移默化地影响孩子。其次，要注意家庭环境的美化，房间的布置要整齐、清洁、朴素，家庭的生活气氛应亲密和睦。另外，要注意孩子的服饰、仪表、言谈符合美的要求。孩子的穿着要整洁、朴素、适合年龄和孩子的身份，严禁穿奇装异服和又脏又破的服装。衣服弄脏了要及时换洗，破了要缝补好。

良好的卫生习惯一旦养成，将会使孩子受益一生。生活中大部分疾病，都与个人卫生习惯密切关联。孩子勤换衣服、勤洗头、洗澡，饭前便后洗手，早晚刷牙，这些看似很小的事情，却直接影响孩子的生活质量。同时，孩子养成良好的生活卫生习惯，也能促进社会卫生面貌、道德风尚的改进。所以，家长不可不重视。

站有站相，坐有坐相

小时候，我们的父母也许都用“站没站相，坐没坐相”教训过我们。如今我们做了父母，也会用“站有站相，坐有坐相”要求自己的孩子。为什么一代代人都这样要求下一代呢？因为，从一个人的外表，包括衣着、坐、立、行的姿势和言谈举止上，往往可以窥见这个人的修养、禀性、文明和教育程度。它既关系到人的自身成长，也直接影响着人与人之间的交往。

相信大家都看到过这样的少年：他们打扮得不伦不类，交叉着腿斜靠马路边，和人说话时，歪头斜肩，东张西望，浑身扭动，嘴里还不时朝地上吐着瓜子皮。如果你的孩子和这样的人做朋友，你一定不会同意。因为你会觉得这个人浅薄，没规矩，令人厌恶。所以说，一直以来，不管是家长还是老师，都要求孩子“坐如钟，站如松”，是很有道理的。挺拔的身姿，不仅对孩子的身心健康有好处，也能给人以健康、向上的印象。而这样的身姿，是需要从小就培养的。

这是因为孩子的脊柱“可塑性”很大。人之所以有端正的姿势，有赖于脊柱的正常发育与附着在脊柱上肌肉受力的平衡。儿童时期骨骼还没有骨化，比较柔软，弹性较大，加之孩子在这个时期生长发育迅速，因此，孩子骨骼的可塑性很大，稍不留意就容易变形。早早培养孩子养成正确的姿势，可以让他受益一生。

（一）培养方法——三要三有原则

三要：

1. 要从早做起，孩子年龄越小，可逆性就越大。

2. 要从细节抓起，关注孩子的“一言一行、一举一动”，及时纠正，防微杜渐。

3. 要严格要求，不能因为心疼孩子而迁就、放弃。必要时可以采取一些强制措施，但不能打骂孩子。

三有：

1. 有计划性。不能高兴了、有空闲了就提起来，忙起来就抛到脑后去了。

2. 有明确要求。要让孩子清楚地知道自己应该怎么做，少说“看书姿势要正确”之类笼统的话，而应该告诉孩子，怎样的看书姿势才是正确的。

3. 有恒心。孩子要养成良好的习惯不是一朝一夕的事，持之以恒才能收到明显的效果。

（二）怎样帮孩子做到“站有站相”

1. 站姿的标准

站姿的基本要求是挺直、舒展，站得直，立得正，棱角分明，线条优美，精神焕发。其具体要求如下：

头要正，头顶要平，双目平视，微收下颏，面带微笑，动作要平和自然；脖颈挺拔，双肩舒展，保持水平并稍微下沉；两臂自然下垂，手指自然弯曲；身躯直立，身体重心在两脚之间：挺胸、收腹、立腰，臀部肌肉收紧，重心有向上升的感觉；双腿直立，两脚间可稍分开点儿距离，但不宜超过肩宽。

2. 站姿训练的内容、要求

①训练站立时身体重心的位置或重心的调整，使身体正直，中心平衡，并能自然改变站立的姿势。

②训练两脚位置与两脚间的距离，并与手的位置和谐一致，使整个身体协调、自然。

③训练挺胸、收腹、立腰、收臀、身体重心上升，使躯体挺拔、向上。

④训练站立时的面部表情，心情愉悦、精神饱满，通体充满活力，并能给人以感染力。

⑤训练站立的耐久性，使孩子将来能适应较长时间站立工作。

3. 站姿训练的方法

站姿训练的方法是提高训练效果的手段，方法科学才能收到事半功倍的效果：

①顶书训练。把书本放在孩子头顶中心，为使书不掉下来，头、躯体自然会保持平稳，否则书本将滑落下来。这种训练方法可以纠正低头、仰脸、头歪、头晃及左顾右盼的毛病。

②背靠背训练。让孩子和小伙伴两人一组，背靠背站立，两人的头部、肩部、臀部、小腿、腿跟紧靠，并在两人的肩部、小腿部相靠处各放一张卡片，不能让其滑动或掉下。这种训练方法可使孩子的后脑、肩部、臀部、小腿、脚跟保持在一个水平面上，使之有一个比较完美的后身。

③对镜训练。让孩子面对镜面，检查自己的站姿及整体形象，看是否

歪头、斜肩、含胸、驼背、弯腿等，发现问题及时调整。

孩子的站姿训练应根据孩子的体能控制时间，训练时最好配上轻松愉快的音乐，用以调整心境，既可以防止训练的单调性，又可以减轻疲劳感。

（三）怎样帮孩子做到“坐有坐相”

1. 坐姿的标准

坐姿的基本要求是坐得正，上身要自然挺直、挺胸、两肩放松，不要歪扭，大腿和小腿基本成直角，脚平放地上，使上身重心落在臀部，犹如巨钟端坐之势。看人时，头稍抬起；看书时，眼睛与书本的视线成直角。这样显得端庄、大方、自然、舒适。不但看起来美，而且有利于发育。坐在沙发上：背部可以放松倚在靠背上，但腰部要直立，四肢自然伸展，下肢顺着沙发下垂。坐在椅子上：坐硬质椅子，必须腰部挺直，双肩平直、双脚踏地。

2. 坐姿训练的内容、要求

①训练坐姿：要求孩子大腿和臀部坐在椅子中间，小腿自然下垂，挺胸，双手放于桌面。坐时，不可以将大腿并拢，小腿分开，或双手放在臀下，腿脚不停地抖动，脚尖相对。这些有失礼节的举止均应避免。

②训练读书姿势：要求孩子将书斜立，身体前探，眼离书本一尺远。

③训练书写姿势：要求孩子坐正，头稍向前倾，两臂等长度地放在桌上，全身重心落在臀部。前胸与桌沿保持一拳距离，眼睛和笔尖距离大约为一尺。

④告诉孩子，入座时，要走到座位前再转身，转身后右脚向后退半步，然后轻稳地坐下。女孩入座时，若穿裙装，应把裙子下摆稍稍向前收拢一下，不要坐定后再起来整理衣服。起立时，右脚先向后收半步，然后站起。

⑤告知孩子，与人交谈时，不要将脚跨在椅子或沙发扶手上或架在茶几上，也不能以手掌支撑着下巴。坐在椅子上同左方或右方客人谈话时不要只扭头，这时可以侧坐，上体与腿同时协调地转向客人一侧。

（四）在生活中强化培养孩子良好的站姿、坐姿

1. 以身作则，发挥榜样作用

坐姿很能体现一个人的家教，生活中家长的示范起到最大的作用。不管你给孩子花多长时间练习，如果你回家以后一下子瘫在沙发里，孩子怎么还能规规矩矩地在你旁边坐着呢？

2. 给孩子找些参照标准

在提醒孩子坐好时，不妨找一些形象而具体的参照物，比如："看，警察叔叔腰杆挺得直直的，多神气啊！你坐直了看书、写字，也会像警察叔叔一样看起来威风凛凛。"

3. 随时提醒孩子

爸爸妈妈应随时观察并提醒孩子的坐姿，如发现孩子姿势不正确，及时提醒、纠正，做到防微杜渐。

4. 为孩子创造适宜的学习环境

给孩子选择与其身高相协调的桌椅，一般来说，桌椅之间的距离以孩子端坐在椅子上，两肘刚好放在桌面为宜。另外，不要让孩子长时间坐在柔软的沙发或床上看书、看电视，坐在沙发上时，也不要让孩子过多地依靠着垫背。

良好的站姿和坐姿，是一个人内在气质和文化修养的外在体现。家长应注意训练、纠正孩子的站姿和坐姿，因为往往细节更能彰显一个人的品性。爸爸妈妈要努力帮孩子学好礼仪这门课，为孩子的外在形象加分。

好步态走出好未来

正确的走姿不仅对人的健康有促进作用，而且可以体现一个人的修养和素质。优美的走姿对于个人形象和人际交往有积极的作用。众所周知，人的走姿要改正需要很大的努力，所以从小锻炼孩子的正确走姿非常重要。

（一）不良走姿影响孩子大脑健康

在国际上，步态训练是脑病患者康复的重要课题，有很多脑病患者都是通过有效的走姿训练，使大脑恢复了正常的功能。

1. 抬头挺胸走路有利于周身与大脑的气血回流，为大脑提供了足够的休息机会，补偿了人因为低头工作、学习，给大脑造成的紧张以及气血流通不畅。低头走路造成的结果就是影响大脑正常的气血供应。

2. 含胸、弯腰走路会导致周身经脉得不到很好的舒张，身体得不到应有的供氧。此外，这种走姿所造成的脊柱问题，会反射到大脑，使人无论在学习、工作还是走路时，大脑都处于紧张状态。

3. 外八字走路有碍阳经，使肝、脾、肾脏气血紧张，血流不畅，影响大脑血液的供应，造成大脑血液回流不畅。内八字则影响胆、胃和膀胱的经络，而这些经络均在脊柱的周围，脊柱周围气血不畅，一样影响大脑血液的循环。

4. 侧颈、斜肩的走路姿势会影响督脉的气血运行造成气血不周，阳气不升。

（二）孩子常见的不良走姿

1. 走路跌跌撞撞

蹒跚学步的孩子走路跌跌撞撞是正常的，因为他们的肌肉力量不足，身体平衡性差。如果孩子两三岁了，走路还是不稳，家长就要特别注意了，这很可能是孩子运动功能发育不良导致的，爸爸妈妈应有意识地对孩子加强训练，比如增加孩子的户外活动等。如果经过一段时间的训练，情况还没有好转，请及时带孩子就医。建议首先去神经科进行排查，如果排除神经类问题，就带孩子去小儿外科或骨科进行检查，发现问题，及时治疗。

2. 走路前后左右晃

孩子出现这种状况，常常是因为臀肌力量不够，爸爸妈妈应指导孩子做蹲起训练。

3. 走路蹚水状

即抬不起脚，不像正常孩子走路是足跟先着地，然后足跟向足掌滚动，常常是因为小腿前侧肌力不够，爸爸妈妈应每天为孩子点压、按揉小腿前侧肌，指导孩子每天做足背屈钩脚动作。另外，大腿前侧肌力差也有类似现象，应训练高抬大腿走、上楼梯等。

4. 走路“鸭子步”

有的孩子走起路来像小鸭子，两条腿移动得很慢，拖拉着往前走。发现这种问题，首先应该考虑平足。学龄前的孩子平足很正常，因为他们脚底的肌肉还不够，日后在走路中足底自然会慢慢形成弧度。其次，孩子走“鸭子步”，可能是由于他的肌张力低，这属于一种神经性运动障碍，应及时就医检查。有的孩子情况比较严重，他们走路不仅不稳，还一踮一踮的。这时家长要意识到问题的严重性，因为这种走姿很可能是先天性髋关节脱位造成的，应尽早进行治疗。

5. 走路内外八字

造成这种状况，常是因为孩子臀肌力量不够。纠正方法是刚发现异常就要扶持孩子足正位、两腿肩宽做蹲下、起来的训练，应慢蹲、慢起，自己用力蹲起，家长不要拉起，足位不正应扶持固定。2 ~ 3 岁的孩子蹲起动作宜每日 100 次左右，分多次完成。上下楼梯也有助益。如果孩子走路足内旋，即内八字，可扶持孩子足轻外旋位做蹲起训练。

6. 走路像骑马

即O型腿，常是因为孩子缺钙和维生素 D 所导致的。如果属于比较严重的O型腿，可以去医院矫形。需要注意的是，不要让孩子过早站立，否则也容易把腿压弯，导致日后出现O型腿。

7. 走路腿外撇

即 X 型腿，易摔跤。孩子出现这种情况的常见原因是缺钙和运动量小。因此，一方面，家长要及时给孩子补充钙质和维生素 D；另一方面，要积极督促孩子加强体育锻炼，同时也应多帮孩子按摩腿内侧肌肉。

孩子走路姿势异常，除某些疾病原因外，正常孩子也可能出现。所有异常除始动原因可能是某组肌肉力量不够、运动训练不当等，错误形成了习惯也占很大比重，因此爸爸妈妈一方面对孩子的异常走姿纠正要尽早，另一方面要不断提醒孩子用意识纠正异常。

（三）优美、规范的行姿

行姿的基本要求是“行如风”，起步时，上身略向前倾，身体重心落在前脚掌上。行走时，双肩平稳，目光平视，下颌微收，面带微笑。手臂伸直放松，手指自然弯曲。摆动时，以肩关节为轴，上臂带动前臂，前后自然摆动，摆幅以 30° ~ 35° 为宜。

1. 步幅适当，一般应该是前脚的脚后跟与后脚的脚后跟相距一脚长。跨出的步子应是全脚掌着地，膝和脚腕不僵直，行走足迹在一条直线上。

2. 行走时，不要左顾右盼，左摇右摆，大甩手，也不要弯腰驼背、歪肩晃膀，步履蹒跚，不要双腿过于弯曲，走路不成直线，更不要走“内八字”或“外八字”。

3. 变向行姿。

变向行姿是指在行走中，需转身改变方向时，注意身体先转，头随后转，并同时向他人告别、祝愿、提醒、寒暄等时的行走姿态。

①后退步。与人告别时，不能扭头就走。应先向后退三步，再转体离去。退步时脚轻擦地面，不要高抬小腿，后退步幅要小。转体时要身先转，头稍后一些转。

②引导步。引导步是用于走在前边给宾客带路的步态。引宾时，要尽量走在宾客的左侧前方，整个身体半转向宾客方向，左肩稍前，右肩稍后，保持两三步的距离。遇到上下楼梯、拐弯、进门时，要伸出左手示意，提示客人先上等。

③前行转身步。在前行中要拐弯时，要在距所转向方向远侧的一脚落地后，立即以该脚掌为轴，转过全身，然后迈出另一只脚。向左拐时，要右脚在前时转身，向右拐时，要左脚在前时转身。

4. 优雅走姿的关键点。

①匀速、直行、无声。

②不摇晃肩膀和上半身。

③夹着一条线的感觉来走。

④伸直背肌，维持正确的姿势，步幅符合腿的长度。

⑤跨步均匀，两脚之间相距为一只脚到一只半脚。

⑥两手前后自然协调摆动，手臂与身体的夹角一般在 10° ~ 15° 。美观且可以给人留下活泼的印象。

（四）在生活中纠正孩子的不良走姿

1. 带孩子观察成人的走路姿势，父母在一边指导他，让他知道正确的走路姿势看上去很美观，从而使他产生学习、效仿的心理。

2. 父母可以请年龄较大一点的儿童做示范动作，自己在后边为孩子讲述正确行走的要领：上体挺直，上下肢自然协调摆动地走。

3. 纠正孩子的走姿不要总在紧张的气氛中进行，有时可带着孩子边念儿歌边做游戏进行训练。例如："来来来，大家来排队，快快快，跟着朋友走。"注意：每次游戏的时间不能太长，以防幼儿乏味和过分疲劳。另外，如果孩子能用正确姿势行走，父母就要给予及时的表扬和鼓励。

最后提醒各位父母，在纠正孩子不良走姿时，一定要用正面、积极的方法进行诱导，千万不要采用单调、重复、强硬的手段，以免引起孩子抵触心理。

走路，人人都会，但是要走出风度，走出优雅，走出美来，则要从小进行培养和锻炼了。爸爸妈妈不要认为走路是很简单的事，恰恰很多看似简单的事并不好做。有些帅哥靓女身材极好，长得也很养眼，可是一站起来走路就不行了，一点气质也没有，这就是从小没养成好的走路习惯造成的。我们都希望孩子不仅运动、智力、情感发育正常，而且举止得体。走路姿势好，就是举止得体内容之一，爸爸妈妈不可不注意。

自信是最有魅力的姿态

自信心是孩子成才与成功的前提条件，很难想象一个缺乏自信的人能够真正做成什么事情。一个缺乏自信、充满自卑的孩子，即使脑子很聪明，反应灵敏，但在学习中稍遇困难和挫折，就很有可能会发生问题。

美国一位教育专家曾做过一个试验：

将一个学习成绩较差班级的学生当作学习优秀班的学生来对待，而将一个优秀学生的班级当作问题班来教，一段时间下来，发现原来成绩距离相差很远的两班学生，在试验结束后的总结测验中平均成绩相差无几。原因就是差班的学生受到不明真相的老师对他们所持信心的鼓励（老师以为他所教的是一个优秀班），学习积极性大长，而原来的优秀班学生受到老师对他们怀疑态度的影响，自信心被挫伤，以致转变学习态度，影响学习成绩。

可见，自信心对于孩子的影响是何其之大。

事实上，帮助孩子树立信心，更多的是父母的责任。现实生活中，有些孩子比较容易自卑，对这样的孩子父母应该着力培养他们的自信心。

（一）孩子自卑的表现

1. 对待批评特别敏感

具有自卑感的孩子往往不能接受消极、过低的评价，一旦受到这种刺激，就会呈现出一种病态的自我保护，对别人的言行会做出不正常反应，要么大哭大闹，要么极度消极。

2. 对表扬反应过度

具有自卑感的孩子，虽然在心里不看好自己，但又非常希望能得到别人的肯定。是故，他们常以非正常的方式寻求他人赞赏，以减轻自己内心深处因自卑而遭受的折磨。

3. 对竞争消极回避

具有自卑感的孩子，内心非常想在各种竞争中获胜，但他们又不相信自己的力量，认为自己没有能力做到，因此，这样的孩子总是尽量避免参与到竞争中去。

4. 对玩伴心生羡慕

有自卑感的孩子总觉得其他小朋友的东西好、生活好，有漂亮的衣服、好玩的玩具，虽然自己也有，但总觉得自己的不如别人的。这类孩子的自卑感源于比较心理，当自己的生活环境没有其他人优越时，就会心生羡慕，对自己拥有的产生排斥反应，如不能及时引导，很有可能演变成忌妒心理。

5. 对别人轻视忌妒

有自卑感的孩子内心深处虽然隐藏着“自己不如别人”的感受，但为了减轻自己的心理压力，会表现出虚张声势的骄傲，常常相反地表现为贬低别人，这些孩子往往具有较强的忌妒心理。

6. 对自身进行攻击

自卑感严重的孩子会自暴自弃，对自己毫不珍惜，有时将自己暴露在危险情境之中。如果受到责备，他们常以“我本来就不如人”作为挡箭牌。

7. 对沟通有所排斥

有些孩子因为经常受到批评、指责，慢慢变得寡言少语。周而复始，便不再爱和周围的人说话、交流，觉得尽量少说话可以减少甚至避免被说教的概率。

8. 对父母过分依赖

有些孩子，明明自己可以做到的事，却偏偏不愿自己完成，因为他们怕自己做得不够好，觉得爸爸妈妈帮忙做肯定会比自己强。这种孩子不仅自信心差，依赖性也很强。

9. 对师长言听计从

正常的孩子，通常都是有些“不懂事”的。过于听话的孩子，通常是低估了自己的价值。他们对环境和生活中发生的事物怀有恐惧，把良好的行为作为自我保护手段，在他们看来，所犯的错误越小，遭遇的“风险”也就越少。这样的孩子在人格成长方面，缺乏进取独立的能力。

（二）孩子自卑的原因

1. 父母离异

父母离异，受伤害最大的肯定是孩子。单亲家庭的孩子看到别人一家三口在一起，玩耍、游乐、吃饭等，不可避免地会产生艳羡之情，一些心理素质差的孩子更会产生失落感、自卑感。有时爸爸或妈妈情绪不好，难免口不择言，说出诸如“我一个人养你容易吗？”这类的话，虽然说者无心，但却对孩子的心灵伤害很深。

2. 长相不佳

孩子从三岁时起，开始对自我和环境有审美要求。有些孩子甚至更早就在这方面有了敏感性。诚然，爱美是孩子的天性，但太过于关注自己的外表又会使孩子经常拿自己和相貌好的孩子做比较，心灵因此也常处于极度自卑之中，到最后甚至连自己都开始不喜欢自己。

3. 成绩较差

并不是每个孩子都能成为学霸，有第一，就会有倒数第一。如果自家的孩子学习不好，家长通常是数落甚至责打，却对别人家学习好的孩子称赞不断，孩子长期听父母夸别人骂自己，自信心饱受打击，早已消失不见。

4. 经济拮据

这个世界有富人就有平常人。富裕的家庭在给孩子挑选用品时，档次相对较高，一般家庭则会量力而行。事实上，孩子也是有攀比心的，当他们看到别人家的孩子在吃、穿、用方面都比自己要好时，就会觉得自己的拿不出手，因而自卑。作为家长，应从小培养孩子正确的价值观，让他们明白，攀比是没有上限的。

5. 常被比较

中国家长最爱做的事情之一，可能就是拿别人的孩子和自己的孩子做比较，常常说，你看那谁家的小孩，脑子多聪明，学习多用功，成绩多么好，大人多喜欢……家长这么说的本意是激励孩子上进，无形中却深深伤害了孩子，对于心理素质差的孩子来说，每一次被拿来和别人比，只会多一份不满和痛苦。

（三）父母应采取的措施

1. 给单亲孩子无缺的爱

夫妻离异以后，不论孩子跟着谁，另一方都应经常主动去探望孩子。不仅要在生活上多关心孩子，更要注意思想和精神上的交流。不在孩子身边的父母亲常有这种心理，觉得很久没和孩子见面了，一见面就应该带孩子吃好玩好。其实孩子更需要的是情感的交流，贴心的交谈，孩子年龄越大越是如此。其次，在看望孩子过程中，千万不要非议攻击另一方，这会导致孩子从小无法明辨是非，偏听、忌恨父母中的一方。而且在这种环境中长大的孩子，还很有可能情感畸形，认为人间没有真情在。

2. 告诉孩子不要过多注重外表

爱美之心人皆有之，但外表的美丽并不是美丽的精华所在。父母应该在孩子小的时候就给他灌输这样的观念，尤其是那些对自己身体不满的孩子。事实上，孩子关注自己的外表并不是坏事，但过度关注就很容易变成坏事。因此做家长的在孩子小的时候就应告诉他，真正的美丽并不是来自于外表，而是来自于美丽的内心。另外，对于长得好的孩子，家长在赞美其漂亮的同时，还应表扬他们聪明和善良。

3. 不以一事论英雄

教育中常犯的错误，就是拿一把尺子衡量所有的孩子。而目前的评分和考试制度恰恰是这样的一把尺子，数学、语文、英语能考 90 分以上的就是好学生，不及格的学生就是落后生。其实“落后生”具备的某些才华是好学生没有的，但他们的才华在这样的评价体系中被完全忽略。

4. 尊重孩子的爱好和意见

父母应给予孩子合适的尊重，尽量满足他们的合理要求，不要权威至上，轻易指责甚至打骂孩子。这样孩子会感到父母真诚的爱，也会感觉自己说话的分量，从心里会对自己有信心。另外，孩子的爱好、趋向，父母不能刻意去改变，父母只能去发现、去引导他们，这样才有助于提高和增强他们的自信心。

5. 相信孩子并鼓励孩子

事实证明，能力再弱的孩子也有他的“闪光点”，父母要从发现孩子的优点入手，及时地给予肯定和鼓励，不断地强化他积极向上的认同心理。另一方面，孩子好奇心强，什么事都愿自己去做，但有时做得并不好，这时父母要鼓励孩子。孩子把事情做成之后，父母的信任与鼓励会增强他的自信心。

6. 适当降低期望值

期望值过高，孩子往往难以达到，这样就打击了孩子，容易让孩子产生自己不行，不如别人的感觉。如果父母针对孩子的实际水平适当地降低标准，孩子就很容易取得成功。成功对于孩子来说，往往会产生意想不到的效果，孩子会从不难获得的成功体验中获得充分的自信，就会取得更大的进步。

7. 不把孩子的缺点挂在嘴上

对于孩子来说，父母的话具有很大的权威性。父母不仅不要经常谈论孩子的缺点，更不能对孩子说结论性的话，比如说“笨蛋”、“你真没治了”等话。可能对父母而言，只是一时“随口而出”，而在孩子的心目中就常常会留下很深刻的印象。父母即使发现了孩子的某些缺点，也要采用暗示的方法教育，以避免对孩子产生心理压力。

8. 适当夸大孩子的进步

孩子即使没有进步，父母也应该寻找机会进行鼓励。如果孩子确实有了进步，父母就应该及时夸奖他们“进步挺大”。这样一般都可以调动孩子心中的积极因素，促使孩子期望自己取得更大的进步，孩子就有可能取得“事半功倍”的奇效。

9. 进行适度的“超前教育”

俗话说，“笨鸟先飞”、“勤能补拙”。父母提前让孩子掌握一些必要的知识和技能，等到与同伴一起学习的时候，他就会感觉到“这很好学”，在别的孩子面前就会扬眉吐气，就可能比别的孩子学得还快，自然就会信心百倍了。

10. 挫折教育

这也是培养孩子自信时最需要注意的。不要让孩子太容易就成功，如果成功的太容易他会觉得自己比别人强太多，结果会自高自大，目空一切，埋下最终失败的祸根。

信心对于一个人前景的影响非常之大。如果在孩子小的时候，父母就能够在一旁不断鼓励孩子，培养孩子的自信心，这对孩子来说将是一笔巨大的财富。信心是进取心的支柱，是有无独立工作能力的心理基础。自信心对孩子健康成长和各种能力的发展，都有十分重要的意义，幼儿期的自信心对一个人的一生具有举足轻重的作用，家长们请务必要做好。

彬彬有礼的孩子人见人爱

礼仪是人与人之间沟通、交往的基础与前提。相对而言，懂礼貌的孩子更容易得到人们的喜爱，成为一个受欢迎的小家伙。所以，我们要从小培养孩子文明有礼的好形象，这会使我们的孩子更易融入社会。

（一）礼仪的重要性

从交际的角度来看，礼仪可以说是人际交往中适用的一种艺术，一种交际方式或交际方法。是人际交往中约定俗成的示人以尊重、友好的习惯做法。

从传播的角度来看，礼仪可以说是在人际交往中进行相互沟通的技巧。

从个人的角度来看，礼仪有助于提高人们的自身修养；有助于美化自身、美化生活；有助于促进人们的社会交往，改善人们的人际关系；还有助于净化社会风气。

从团体的角度来看，礼仪是团队文化、团队精神的重要内容，是团队形象的主要附着点。大凡国际化的企业，对于礼仪都有高标准的要求，都把礼仪作为企业文化的重要内容，同时也是获得国际认证的重要软件。

所以，学习礼仪，懂得礼仪，不仅是时代的潮流，更是提升孩子竞争力的现实所需。

（二）如何培养彬彬有礼的孩子

刘畅是一位品学兼优的学生，他的父母是这样教育他的：

在早期教育当中，他们除了开发他的智力外，也同步进行着文明行为的训练，培养孩子彬彬有礼的习惯。例如，在宴席上，他们让孩子坐在椅子上，默不作声地吃大人夹给他的饭菜。咳嗽时，他们提醒孩子要对客人说“对不起”。饭桌上，孩子不小心把饭粒掉在地上，他们抓住他的小手，一边拍打其手心，一边提醒他不许再犯。饭后，孩子要保姆替他取水，他们提醒孩子，不该随意让别人帮自己做事，若是非麻烦别人不可，一定要说“请”、“对不起”、“麻烦您”、“谢谢”等礼貌用语。

凡是见过刘畅的人都说他气质好、彬彬有礼、落落大方。这也是从小到大逐步养成的。在早期教育当中，刘畅的父母除了开发刘畅的智力、增加灵气、培养能力之外，也同步进行着文明行为的训练。他们的目标不仅仅是要培养出一个聪明的孩子，也要培养出一个文明的孩子。从刘畅学会说话，能够听懂一些简单的提示和要求时起，他们就有意识地在各种场合下，告诉他应该怎样做。比如早晨离开家时，要和家里人说“再见”，到了幼儿园要问“阿姨好”、“小朋友好”等。刘畅是坐医院通勤车长大的，在通勤车上，医护人员还教他学会分辈儿，当他准确地称呼“爷爷”、“奶奶”、“叔叔”、“阿姨”时，那稚声稚气的样子着实惹人喜爱。

其实，刘畅父母的这些教育，许多父母都做了。为什么有的效果差些呢？原因有两个：一是不能一以贯之地坚持下去；二是父母对孩子要求是一回事，自己却未能以身示教，使孩子感到迷茫，不知如何是好。因而，父母要利用一切机会培养孩子讲礼貌的习惯，持之以恒，反复训练。

培养孩子文明礼貌的习惯，要从一点一滴做起。父母可以从以下几个方面入手：

1. 为孩子树立榜样

古语说：“己正而后能正人。”父母若要孩子礼貌待人，首先自己要做表率，父母对孩子的影响最直接、最深刻。父母的身教是对孩子最生动、最实际的教育。父母应充分利用家里来客的有利时机提醒孩子，给孩子示范，使孩子在亲身体验和实践中理解文明、礼貌、热情的含义，并通过父母的行为潜移默化地影响孩子，使孩子在耳濡目染的环境中，逐步形成礼貌待人的品德。

2. 强化孩子的自尊意识

文明礼貌的习惯看起来是一种外在行为表现，实际上它与人的内心修养，特别是与人是否具有自尊与尊重他人的意识有着十分密切的关系。自尊就是自己尊重自己，不容侮辱和歧视，维护自己的人格和尊严，争取获得好的社会评价。正常人都有自尊心，欲自尊须先尊重他人，遵守社会秩序，注意文明礼貌。很难想象，一个丧失了自尊心的人会具有什么文明礼貌习惯。文明礼貌的习惯实际上是人满足自尊心的一种重要手段，所以要强化孩子的自尊意识。

3. 对孩子的表现做出评价

对孩子的行为做出评价通常是刺激孩子学习的最佳催化剂。客人在时，父母对于孩子良好的表现可以表扬、鼓励；客人走后，父母也可以对孩子的表现做出评价，肯定做得好的地方，指出不足以及今后要注意的地方。这里需要指出的是，孩子在接待客人中出现了失误，如打碎了茶杯、弄脏了饭桌，父母千万不要当面批评，要保护孩子的积极性，对待孩子的过失要重动机轻结果，要原谅孩子由于缺乏经验而出现的过失。孩子礼貌待人的行为规范不是一朝一夕形成的，要靠平时不断教育、训练和强化。年轻的父母要经常为孩子提供“教育情境”，让孩子不断练习，巩固孩子热情、礼貌待人的行为，这对孩子思想品德、学识能力、行为习惯的培养都有积极的推动作用。

4. 要培养孩子养成对人对事最起码的礼仪

坐要有坐样，站有站样，这也是一种文明礼貌。说话要和气，要轻声。有的父母说话大声嚷嚷，孩子也会学着父母的样子。那么我们要不要培养孩子大声说话呢？只是在给大家说话的时候要稍大声一些，让大家听得见，平时说话要轻轻的。

一个人生活在社会上，要想让别人尊重自己，首先要学会尊重别人。从小就让孩子知礼、达理，能为孩子将来的社会交往铺垫好和谐融洽的气氛，能够使孩子轻松建立、保持、改善人际关系。

02

言谈篇

会说话的孩子人见人夸

语言是社会交际中最主要的交流方式，优秀的沟通能力甚至比大学文凭更加重要。一个会表达的人，往往会快速地赢得别人的高度评价，这种评价甚至会超出他们本身具备的才华。因此，父母需要培养孩子文明讲话的习惯和能力，帮助他们打开通往外部世界的大门。

教会孩子好好说话

语言是思维的工具，是思维的表现方式，人类的思维成果正是靠语言的帮助得以巩固、发展和传递的。幼儿期是学习语言最敏感、最关键的时期，也是储存词汇最迅速的时期。因此，幼儿期语言的训练家长一定要重视起来。

（一）语言能力的重要性

小枫是个特别听父母话的孩子，可是，有一点，他就是不爱多说话。平时，做完作业，他就喜欢读书或者看电视，很少同父母一起交流、谈心。小枫的爸爸妈妈平时也是大忙人，不是很重视孩子这方面的表现。

一天，小枫和爸爸妈妈一起看电视。爸爸和妈妈在讨论哪一个人物形象更好一些，在一旁坐着的小枫却一言不发。

妈妈觉得每一个孩子看到动画人物可爱的样子，都会情不自禁地说上几句的，爸爸也意识到儿子实在是太沉默了，家里几乎听不到他的声音，于是问道：“儿子，你喜欢哪一个呢？”

小枫见爸爸问自己，想也没想就回答说：“都差不多。”

妈妈接着说：“我喜欢小熊猫。你觉得怎么样呢？”

小枫说：“嗯，可以。”

爸爸和妈妈相视了一下，妈妈又对他说：“枫枫，你已经是大孩子了，对任何事物都该有一个自己的喜好评价呀？每个人都是有头脑和思想的。

你有什么想法，以后要跟爸爸妈妈说出来才行。”

后来从小枫的老师、同学那里了解到，小枫碰到说话、发言的事情就往后躲，上课从不举手回答老师提出的问题，偶尔被老师提问到，他会满脸通红、半天说不出话来。

在现代社会，随着经济的迅猛发展，人与人之间的交往日益频繁，语言表达能力的重要性也日益增强，好口才越来越被认为是现代人所应具有的必备能力。生于当今这个时代的孩子，长大以后，不仅要有新的思想和见解，还要在别人面前很好地表达出来；不仅要用自己的行为对社会做贡献，还要用自己的语言去感染、说服别人。就职业而言，现代社会从事各行各业的人都需要口才：对政治家和外交家来说，口齿伶俐、能言善辩是基本的素质；商业工作者推销商品、招徕顾客，企业家经营管理企业，这都需要口才。在人们的日常交往中，具有口才天赋的人能把平淡的话题讲得非常吸引人，而像小枫一样不善表达的人，就算他讲的话题内容很好，人们听起来也是索然无味。有些建议，口才好的人一说就通过了，而小枫这样的人即使说很多次可能都无法获得通过。总之，语言能力是孩子提高素质、开发潜力的主要途径，是孩子将来驾驭人生、改造生活、追求事业成功的无价之宝，是孩子通往成功之路的必要途径。

（二）如何让孩子好好说话

婴幼儿期是语言能力发展的关键期，尽早使孩子学会语言、学好语言，是发展智力，发展口头、书面表达能力，理解知识能力的前提。语言能力的培养要从“呀呀”学语阶段开始，贯串整个孩童期。父母的责任不可谓不大。

1. 父母要学会倾听，满足孩子说话的欲望

一般情况下，孩子回到家里见到父母通常会把发生在自己身边有趣、稀奇的事情说给他们听。这时父母应认真倾听孩子的讲述，并要用一些神

态、身体语言让孩子感觉到正听得很投入。如果父母正忙着没时间听，要态度温和地跟孩子商量："你看，爸爸（妈妈）正忙着呢！等会儿我坐下来仔细听，好吗？"因为孩子在讲话前总是一腔热情，这样一说，孩子就不会感觉很失望。

2. 父母还要学会引导、激发孩子的欲望

那些性格内向的孩子常常喜欢独自一人玩，默默地做事，父母对待这样的孩子要千方百计地引导他说话，把他说的欲望给激发出来。问孩子一些问题，尽量避免问那些只需要孩子点头说"是"或摇头说"不是"，"有"或"没有"这一类问题。可以问他一些学校里的情况，比如"老师是怎样夸奖你的？""班里和你最要好的同学都有谁？"

3. 父母要学会指导、帮助孩子说正确的话

孩子说话时可能会出现用词不当、前言不搭后语等现象。父母在听的过程中，要随时帮助选用正确的词汇，要求孩子有准备地搭配语言，让孩子把话讲完整，教孩子把想讲的话联系起来思考后再讲出来。长期下来，孩子语言的准确性就会不断提高。

4. 父母要注意提高孩子的思辨能力

由于孩子的知识面较浅，接触外界的机会相对要少，辨别能力比较低，所以，他们说的话常会与客观事实不符。父母在听的过程中，应注意把握孩子的说话内容，并做出肯定，给予正确的判断。在父母与孩子共同的评析过程中，孩子思想的准确性、深刻性会变得更好。

5. 父母要给孩子创造语言环境

孩子爱不爱说话，还跟环境有关，家里人多说，孩子的语言能力也强。思辨能力跟口才有着必然联系，思辨能力强，口才就好。思辨能力的培养，需要一个积累的过程，让孩子多看一些科普书，看电视新闻，了解世界，了解社会，平时多跟孩子交流、讨论一下人和事，多参加社会活

动。在家庭中不管讨论任何问题都让孩子发表意见，也可以锻炼孩子的口才。多看书，看多了，理解多了，学习书中优美语言的用法，逻辑思维自然有条理了，孩子也就会引经据典，更有说服力，语言表达能力也就提高了。常带着孩子出去走动走动，多见见人，多与他人交流。只要有机会就与孩子说话，有意识地反问、提问。让孩子在聚会时发表自己的意见，全家人一起演讲，大家相互提意见，哪怕孩子说得不好，也要鼓励他。总之，父母要多给孩子提供训练说话和锻炼口才的机会与环境。

能够在别人面前把想法表达清楚，是一种十分重要的能力。流畅的语言表达能力可以准确地把自己的想法或情感传递给别人，让别人了解、理解你。良好的口才对于孩子将来的发展非常重要，所以，早一点着手培养孩子说话方面的习惯，绝不是可有可无的事情。

不说谎才是好孩子

几乎每位父母都会遇到孩子说谎的问题，而通常父母采取的教育方法，就是给孩子严厉的惩罚。而儿童心理学家告诉我们，这种教育方法对改正孩子的说谎习惯效果并不好，它只会加深孩子的防卫心理，让孩子继续以说谎的方式掩盖自己的错误。

六岁的明明是个小调皮，经常闯祸。有一天，明明见妈妈不在家，就把妈妈化妆台上的水晶苹果拿出来玩，一不小心就摔碎了。明明很害怕，就把碎片扔进了垃圾桶里。但妈妈回来后还是发现了，她揪着明明的耳朵，问到底是谁弄坏了水晶苹果？明明撒谎说是小猫给踢下来的，可妈妈根本不信，最后明明只好承认是自己干的。妈妈更生气了，她狠狠地打了几下明明的屁股，“看你还敢不敢淘气！知道那是多有意义的纪念品吗？”明明嗓子都哭哑了，他只知道自己因为说了实话被打了，他决定下次再也不和妈妈说实话了！

不要认为严厉的惩罚可以遏制孩子说谎，这样做往往是适得其反的，当你发现你的孩子说谎时，千万不要气恼，甚至不分青红皂白地训斥孩子。父母想要消除孩子说谎的毛病，首先应该找到孩子撒谎的原因，对症下药，才有奇效。

（一）孩子为什么要说谎

1. 躲避自己不愿做的事

有时候，爸爸妈妈要孩子做某些事，而他们心里不愿意或做不到，便会找理由推诿，譬如“头疼呀！肚子疼呀！”而这种谎言往往又能得到父母或老师的认可和同情，于是以后便也常说谎去推诿了。

2. 逃避父母或老师的打骂、批评

有些父母奉行棍棒教育，但凡孩子做错了事，非打即骂。孩子胆战心惊，为了不受惩罚，便用说谎来掩饰自己的过错，这种掩饰得到父母或教师的宽恕，于是第二次第三次做错事时，便再说谎来求得宽恕了。

3. 满足自己的欲望

有些孩子为了满足口腹欲，便向父母说谎以期获得更多的零花钱；有些孩子为了要得到很高的分数或奖品，便在考试时作弊，等等。这些都是为了满足自己的欲望而采取的手段。

4. 好虚名，要面子

一件好事本来不是他做的，但说是他做的，可以得到奖赏，脸上有光彩，于是孩子说谎了；事情本来是他做的，但做得不好或者是错事，怕丢脸或受责罚，于是也说谎了，说那件事不是他做的。

总之，无论出于什么原因说谎，这都不是一种好的品德习惯，必须杜绝。同时，孩子的说谎也给父母们敲响了警钟，说明父母对孩子的教育方式出现了问题，不能够理解孩子、不了解孩子、不信任孩子，对孩子一言一行不能够做出正确的分析，平时和孩子不能够进行平等的交流和沟通。只是一厢情愿地表达自己的看法和观点，无视孩子的存在，不去考虑孩子的内心感受。当面对说谎的孩子时，父母一般会毫不客气、不问青红皂白地指责、批评孩子。这种方式不但起不到教育的目的，还会让孩子对父母产生恐惧感，失去对父母的信任，并且对事物失去辨别的能力。如果父母不能及时地纠正自己的做法，改变自己的态度，孩子不但会养成说谎的恶习，严重的会出现人格上的不完善，这也是为什么现在的父母和孩子不能很好交流的原因之一。

（二）父母应该怎样做

1. 教育孩子就要首先严格要求自己，以身作则，父母自己必须诚实，然后才能教育孩子诚实。在这一点上，身教远胜于言教。如果父母言行不一，表现出种种不诚实，对孩子的诚实教育不仅会完全失效，还会使这种教育本身变得不诚实，最终导致孩子养成不诚实的恶习。

2. 要教育孩子认识不诚实的危害。尤其要针对社会生活中种种不诚实的现象，对他们讲明原因，论述危害，使他们产生抵制力、排斥力、免疫力。

3. 平时鼓励孩子说真心话。有些父母听了漂亮的真心话，就很高兴，而听了令人伤心伤脑的真心话就会生气，特别是当孩子做错了事，做父母的如果不问青红皂白就训斥打骂孩子，恐惧会打击他们承认错误的勇气，使他们不敢说出自己的真心话，因为说真心话要挨骂挨打，所以他们就用说谎来进行自卫。因此，作为父母应在鼓励孩子说真心话的同时，做到既能听得进令人愉快的真心话，也能听得进令人伤心伤脑的真心话。

4. 心平气和地跟孩子讲道理。有些父母对孩子期望值过高，孩子的行为一旦达不到自己的要求，就会严厉训斥甚至拳打脚踢。很多父母认为对孩子严厉是对他们的将来负责，是希望他们能够出人头地，殊不知这种方式很可能会把孩子“逼”上满口谎言的绝路。在遭到父母无理教训时，很多孩子为了躲避训斥，往往会把一些真实的东西隐瞒起来，而以假话、假情况、假消息应付父母，报喜不报忧。所以，父母对孩子的要求一定要适当，即使孩子确实因自己的原因出了这样那样的差错，比如学习成绩不好、与人打架、乱花钱、不守纪律等，父母也要心平气和地跟孩子讲道理，而不能以泰山压顶的方式粗暴地逼迫孩子，因为“高压”只会带来虚假。

5. 对于那些惯于说谎和有意说谎的顽固孩子，一定要进行适当的惩罚。有些孩子已经习惯于说谎话，屡教不改，甚至有损人利己的行为，态度还极为恶劣。对于这种孩子，父母除了严厉地批评教育以外，还可以进行适当的惩罚，来戒除孩子的恶习。值得一提的是，当孩子旧错重犯时，如果他能诚实主动地告诉父母自己所犯的错误，那么在父母的批评教育之后，一定要对孩子的诚实做出肯定，并适当减轻惩罚。

6. 如果孩子一句不合时宜的实话影响了某种氛围，父母也不可当场指责孩子的无礼。如果父母这样做了，会使孩子产生一种不说真话的心理，从而在以后的言谈举止中，失去了说实话的勇气，从而也慢慢失去了做人的基本标准。

教育家陶行知说：“人的最大美德莫过于诚实。”一个人如果不诚实，将会失去一位好朋友，一位好顾客，或者一桩好生意，甚至会因欺诈而被送入监狱。诚实，就是忠诚正直，言行一致，表里如一。父母应引导孩子“先学会做人，再学会做事”。做人最重要的就是诚实正直。

事实上，没有哪个孩子天性就爱说谎，每一句谎话背后肯定都有一个让孩子说谎的理由和原因，每一个说谎的孩子都有一颗值得父母关注的内心。父母要帮助孩子找出问题的症结，让孩子不再依赖于说谎，而是，信赖于自己的父母。

说脏话是脏了自己

在生活中，我们会发现有的孩子到了一定的年龄，会突然变得爱说脏话，有的父母要么是狠狠地教训一顿，要么是拉过来揍几下，当时孩子可能不敢再说了，但时间一久依然如故。当父母面对说着粗言秽语的孩子时，指责往往不会产生积极的效果。

那么，家长怎么样才能把这些不雅的词汇从孩子的脑袋里清除出去呢？我们建议家长，千万不要过激，引导才是关键。其实，要解决孩子说脏话问题的前提条件是查明孩子说脏话的原因，然后再有针对性地给予指导。

（一）孩子说脏话的原因

孩子说脏话按照幼儿的心理发展水平，可分为三种：

1. 模仿性脏话

孩子说脏话往往是从模仿开始的，年幼的孩子往往没有是非观念，别人说一句骂人的话，他觉得很好玩，也跟着骂人，这是孩子说脏话的一种普通心理。这一时期，如果父母、同伴或是影视节目里有不好的语言，这都会成为孩子模仿的对象。

2. 习惯性脏话

如果孩子的模仿性脏话得到成人的默许或者赞赏，那么，孩子说脏话就会成为一种习惯。比如，当咿呀学语的孩子突然冒出一句脏话，有些大人非但不制止，还哈哈大笑，这种行为无形中让没有是非观念的孩子认为自己说的是“好话”，为了博得大人的好感，他们就会将“好话”继续下去。

3. 有意识的脏话

三岁以上的孩子说脏话时，除了出于好玩，互相模仿外，还具有一定的选择性，他们能够初步理解脏话的含义，并对特定的对象说脏话，这就是一种有意识的行为。当然，也有些孩子是在与小伙伴发生矛盾或者受了欺负时被迫说脏话，以说脏话来发泄自己的不满。

不管怎样，孩子出口成脏，都是父母的责任。成人说脏话，听的人习以为常，没有人会去思考脏话的含义，顶多觉得厌恶，话不投机半句多，扭头走开了事；脾气大的恶语相向，从此绝交，反正这里有十几亿人，少个朋友算什么？但对于好奇、好模仿，而又入世未深的孩子，那可是天大的灾难！

（二）孩子说脏话的害处

1. 影响语言学习

脏话是一种低层次的语言，它可以不讲语法、不需修辞，更不必讲究句法，冲口而出，而且可以涵盖多种意义。孩子们耳闻之后可以立即学会，甚至爱上它，这样就没法专心学习，提高语文的水平了。

2. 影响心理健康

脏话最突出的是拿性和生殖器来做文章，这对于孩子们的杀伤力最大，而新一代男女最喜欢在这方面发挥创意，借此来表现他的思想开放和成熟度。中国家庭现在依然处在传统道德思想的保护伞下，孩子们面对这类脏话的袭击还缺乏免疫力，所以，如何维护孩子的心理健康，是目前家长最伤脑筋的事。

其实，脏话对孩子的负面影响远不止上述两点。神经学专家指出：做过左脑半球切除手术的病人的语言能力会严重下降，但是，很多没有左脑半球的病人依然可以说脏话。这是因为大脑的右半球就可以处理整个脏话系统，这时脏话只是一个运动功能，而非语言功能。这无异于告诉我们，习惯了说脏话的孩子，左脑的发育可能迟缓，影响了他的智能成长。另一方面，物以类聚，人以群分，爱说脏话的孩子人际关系不佳，许多好朋友都会逐渐疏远他，这对他的心灵成长非常不利。

（三）如何纠正孩子说脏话的毛病

1. 孩子好模仿，且缺乏是非观，他们往往从电视、电影中，从父母、同伴那儿学来许多脏话和一些不健康的儿歌、顺口溜。为此，父母应该做好表率，带头说文明语言，并且要慎重选择影视节目，引导孩子玩文明、健康的游戏，如发现孩子和伙伴说脏话时，应及时指出并给予纠正。

2. 对偶尔说脏话的孩子，父母应以文明的语言把孩子所要表达的思想、感情重复说一遍，形成正确示范。如孩子经常津津乐道重复一些脏话，父母应严肃地告诉孩子这句话不文明。爸爸、妈妈和所有的人都不喜欢听，并和孩子一起分析孩子喜欢的、尊敬的成人是怎样说话的。利用榜样的力量，可使孩子认识到说脏话不好。

3. 教给孩子正确表达气愤、激动情绪和处理矛盾的有效方法。告诉孩子和他人发生争执时可以说："你住口！""请你走开！""你不讲道理，我很不高兴。"或自己先走开等，避免自己或对方说出脏话。

4. 对明知故犯的行为要及时惩戒。当孩子总是故意在说一些粗话脏话，并且在家长多次解释和劝告都无济于事的情况下，父母应该立即采用一些措施来制止孩子的这种行为，使孩子深刻地认识到说脏话会给自己带来的不良后果，从而达到改正的目的。

总而言之，父母要明确地让孩子知道，一个人说话要文明，说脏话的孩子不是个好孩子，要通过正面教育改变孩子的这种行为，引导孩子用文明语言表达内心感受。

纠正孩子命令式的讲话语气

请想象一下这个情景：你正在公交车里抓着吊环。旁边站着的人突然跟你说："把架子上的东西给我拿下来！"你肯定会一下子就火冒三丈吧。

那么如果按照下面这么说会怎么样呢？"对不起。我不太够得着，能帮我拿一下那个架子上的东西吗？"

这次你肯定会马上把东西递给对方的。不是因为对方的说法多么客气，而是因为这反映出了不同表达方式深处隐现的对方"意识"的不同。当你感到抗拒时，那是对方把你当成了为实现目的而利用的"工具"；当你想帮忙时，那是对方希望你成为他的"协助者"而求助于你。

事实上，没有人喜欢被命令，习惯用命令口气说话的人，往往都不会有什么好人缘。

有些孩子也有这样的习惯，经常用命令的口气同别人说话。比如命令父母说："把鞋给我拿来。"命令别的小朋友："过来帮我！"有时甚至命令客人："给我倒杯水！"

孩子怎么会产生这种不良行为呢？

孩子可能受父母的影响，从父母那里学到了命令别人的"本领"。有些父母认为，在家里面不用客气，因此在家庭成员之间常常用命令的口气讲话，有的父母常在孩子面前命令保姆等。

这些都给孩子造成不良影响，教孩子学会了命令他人。在这种孩子的心目中，自己就是中心，因此从来不会站在别人的角度想问题。

如果孩子在情绪不好的时候命令别人，父母可以告诉孩子："心里有什么不高兴的事情可以慢慢说出来，用命令的口气说话是解决不了问题的，常常还会把不好的情绪带给别人，把本来可以办好的事情办坏。"

一句话，要改变孩子的这种不良习惯，父母是要花很大力气的。

以下几点值得注意：

1. 要改正孩子命令别人的不良习惯，父母首先要树立榜样，从自己做起，在家里创造出一种民主、礼貌、和谐的气氛。

2. 当孩子命令别人的时候，父母可以这样告诉孩子："人和人都是平等的，请别人帮忙应该有礼貌，别人才愿意帮助你。说话像下命令，别人就会讨厌你，不愿意帮助你。"

3. 在日常生活中，父母应对此比较敏感，经常注意纠正孩子命令式的讲话语气。如果孩子用命令的口气说话，父母就要求孩子说话不能使用这种口气，直到孩子改变语气为止。

教孩子真诚地说"谢谢"

感激之心不是先天的，亦不是凭空而来的，它是在道德教育、环境熏陶和社会实践中逐渐形成的。孩子如果在待人接物时不能怀有感激之心，那么就无法建立和谐、融洽、温馨的人际关系。

一个周六的傍晚，华华的妈妈和往常一样在厨房忙碌，而华华正在电脑桌前敲打着键盘，玩着游戏。

忽然，电话铃响了。妈妈因忙着照看煤气灶上烧的菜，便叫儿子接听电话。儿子在电话机前站了大约五分钟后把电话挂了。挂完电话，他显出很不高兴的样子，嘴里嘀咕着："以后我不接电话了。这么费劲！……"妈妈立刻猜到：准是华华奶奶的来电。

华华的爷爷、奶奶在外省工作。由于路途遥远，一年中他们只回家探亲一次。因此，电话就成了他们和家人沟通联络的纽带。奶奶是一个心思细腻、对小辈呵护备至的人。每个周末，她都要和家里通一次电话。而电话多半是她先打过来——她似乎总等不及孩子们的去电。一周的时间，对于她来说，太长了。每每来电，奶奶都要嘘寒问暖，吃喝拉撒，这样的事她样样过问，事事关心。

刚才，一定是华华嫌奶奶太唠叨了。

此刻华华噘着嘴巴向书房走去。妈妈走过去拉住了他。

"刚才是谁的电话？"妈妈压住性子明知故问。

华华显出不耐烦的样子："还会有谁？当然是奶奶的了！啰里啰唆，又没有什么事情！"

"奶奶在电话里和你讲什么？"妈妈再一次明知故问。

"还不是每次都一样？什么'早饭一定要吃好！''晚上要早点睡觉！'什么'在学校上课累不累？''放学后打球吗？''长胖点了吗？'……哎呀，真是烦死了，不说了！"华华越说越不耐烦，挣脱妈妈的手朝书房走去。

妈妈看到孩子这样，觉得一定要好好教育孩子。

如华华这样的例子在青少年中不在少数。现在的孩子很难体会到长辈的爱心，很多父母甚至叹息道："现在的孩子太少感激之情，连一句谢谢都不会说。"

（一）孩子为何吝啬说谢谢？

1. 不愿意说谢谢的孩子一般都是有自己的想法、比较有个性的孩子。这时候如果家长逼得太紧，往往会发生越是让说孩子越不说的情况。

2. 家庭环境的原因。孩子不懂礼貌并不是天生的，而是后天学会的。家长有礼貌，家人相互之间讲礼貌，他们再要求孩子讲礼貌，孩子一般都不会很难开口说"谢谢"；如果家长自己平常都不说一些类似"谢谢"的礼貌用语，反而告诉孩子要说"谢谢"，这确实有点强人所难。

3. 还有些家长对孩子不向别人道谢的行为睁一只眼，闭一只眼，认为都是些小事儿，无须锱铢必较，更甚者反而以微笑的眼光看着孩子，孩子会误认为自己的行为是正确的，往后的行为可能会变得更加出格。

（二）父母教育的误区

1. 很多父母在引导孩子说谢谢时，都没有告诉孩子原因——为什么要谢谢，所以孩子只是机械地重复家长的语言，不明白其中的意思。

2. 很多父母会在孩子说了谢谢或者表达过谢谢意思之后，依然重复地让孩子说"谢谢，谢谢"。这样画蛇添足的行为容易影响孩子对谢谢的理解或者引起孩子的逆反。

3. 父母不应该采用武力等方式来逼迫孩子说谢谢。年龄小的孩子，是非概念不是很清晰，自我意识又占主导位置，他们的很多言行较难控制，这就需要做父母的在这个阶段具备很强的耐心，不然就使孩子产生逆反心理及反叛情绪。其实，在孩子心情不好、不愿意主动说"谢谢"的时候，父母最好不要马上把孩子定义成一个没有礼貌的孩子，要理解孩子的心情，并适时加以引导，慢慢孩子就会有改观。相反，如果父母强行让孩子改正，只能让孩子更加叛逆。

作为父母，我们应该教会孩子真诚地对他人说：“谢谢！”让孩子学会感激他人，让孩子在谦虚和真诚中得到朋友的帮助，从而一步步走向成功。

（三）如何让孩子真诚地说“谢谢”

1. 引导孩子热爱自己的爸爸、妈妈等长辈，喜欢老师和班中的同学；感激爸爸、妈妈和老师们对自己的爱，对自己的教育和帮助。并采取一些方法来表达自己的感激之情，比如说，教师节给老师送张贺卡；帮助爸爸、妈妈干家务等。

2. 引导孩子尊重周围的劳动者，感谢他们为社会做出的贡献，使我们有一个良好的学习和生活环境。

3. 让孩子多参加集体活动。现在的绝大多数孩子都是独生子女，从小就是衣来伸手、饭来张口，他们已经习惯了爸爸、妈妈的照顾，并且觉得这是应该的，凡事以自我为中心，不懂得感激他人。这样的孩子开始在集体活动中很难和同龄伙伴和睦相处，也不懂得感谢别人为自己做的事。只有在集体活动、集体交往中碰了几次钉子之后，才会意识到要想到他人，要感谢他人，在活动中获得与他人相处的经验。

总而言之，爸爸、妈妈有义务也有责任，从小在孩子内心播下说“谢谢”的种子，这样才能让孩子说敬语的习惯像植物一样自然生长。因为，一个人小时候养成的习惯是非常稳固的，终身都会起作用。“谢谢”看似只是个简单的敬语，但其实背后蕴含着最起码的感恩，最基本的是非观念，以及最直白的责任教育。

让孩子学会由衷赞美别人

有人说："赞美的效果常常会出乎人的预料，即使是简单的几句赞叹都会让人感到心理上的满足。向别人传递一个真诚的赞美，能给对方的心灵带来光明；赞美是语言的钻石，赞美有着巨大的威力，赞美是我们乐观面对生活所不可缺少的，是我们自强、自信、自我肯定的力量源泉。"

有一位母亲，她的孩子上幼儿班。这个孩子非常调皮好动，班主任老师告诉这位母亲，您孩子一节课，连五分钟也坚持不住——坐不稳。母亲回到家里，笑着对孩子说："宝宝，今天老师表扬你了，说你有进步，一节课有五分钟可以坐得稳稳的、乖乖的。"宝宝听了很高兴，第二天上课果然有五分钟能坐稳。

读小学时，一次开家长会，老师告状：你孩子的成绩是班级倒数十名之内，很难教！母亲回来后，孩子问："妈妈，今天家长会老师跟你说了什么？"母亲说："老师在提起你时，说你的成绩有进步，不在班级倒数十名之内了！"孩子听了很高兴。

到初三时，班主任老师把孩子的母亲叫到办公室，诚恳地对她说："您的孩子按目前的成绩考高中有点困难。"母亲回家后，对儿子说："儿子，班主任老师对你抱有希望，说你只要能努力，会考进高中的。"孩子听后很自信。

高考前夕，母亲有预感，儿子可能会进重点大学。

后来，当孩子学业有成出国留学后，他写信给母亲的第一句话："妈妈，没有您的赏识和鼓励，就没有我的今天，您是世界上最伟大的母亲！"

是啊，母亲赏识自己的孩子无可厚非。若你在生活中多一点赏识，多一点赞美，他人会收到意想不到的效果。所以，在日常生活中，父母应该培养孩子去发现，去寻找别人值得称赞的地方，并设法真诚地告诉别人，这样既能给别人的平凡生活带来阳光与欢乐，也会让赞美别人的孩子有一个良好的人生。

（一）会说赞美话的好处

1. 爱听表扬的话是人类的天性，人人都喜欢正性刺激，而不喜欢负性刺激。如果孩子能乐于赞赏他人，善于夸奖他人的长处，那么，人际间的愉快度将会大大增加。

2. 学会赞美和欣赏别人对于提高孩子情商水平有很重要的作用。赞美和欣赏都是一种积极的情绪。学会赞美和欣赏别人就是学会找出别人的优点，无形中看出了自己的差距，这是一种潜在地激励自己的动力，有助于自己的进步。同时由于你的赞美和欣赏，别人获得了鼓励，引起别人对你的好感，更愿意和你在一起，形成一种无声的凝聚力。

3. 曾经有人做过调查：经常赏识他人，夸奖、赞美他人的人往往处世积极乐观，受人欢迎，受人尊敬，身体比较健康，不常生病，而常指责、抱怨别人的人却缺少朋友，孤单落寞，身体和心理比较脆弱。

要养成孩子赞美别人的美德，就需要从小进行培养。孩子在三岁以前主要是在家庭中生活，因此家长就要注重孩子这方面的教育。

（二）如何让孩子由衷地赞美别人

1. 爸爸、妈妈首先要通过孩子的视觉、听觉，让孩子感受世间一切美好的事物，如颜色绚丽的图片；模样可爱、会发出各种声音的玩具；能给孩子的视觉产生美好的刺激的家中的一切陈设等。父母应不时地用语言向孩子讲述这些“美”的东西，如：看这个图片中的小姐姐多漂亮呀！老奶奶多慈祥呀！虽然孩子不能理解你说的语言，但是孩子通过眼睛看到的，耳朵听到的以及爸爸妈妈愉快的表情，一种“美”的感受在孩子的大脑中保存下来。

2. 随着孩子的年龄成长，社会交往面不断地扩大，生活经验不断积累，这个时候，爸爸、妈妈应该开始让他对家人和接触到的外人的优点进行赞扬，例如，让孩子对妈妈说，妈妈做饭多累呀，我亲亲妈妈！妈妈做的饭多香呀，谢谢妈妈！对亲戚家的姐姐说，姐姐的衣服真漂亮！姐姐真干净！虽然幼儿主要是模式化学习，对事物的看法只停留在表面性和情绪性上，不可能看透本质，但从这方面着手，让孩子先学会如何找出别人的优点，久而久之，这种良好的行为就会成为一种习惯固定下来，成为孩子个性中的一部分。随着孩子思维水平的发展，他就会逐渐从外表赞美进而发展到能够发现别人的内在美，随着孩子道德观和价值观的产生和发展，这种赞美和欣赏别人就具有了特殊意义。

3. 爸爸、妈妈也要跟孩子讲一讲关于给予负面评价的问题。如果孩子想不出任何正面的赞美的话，一句中性的评价也能表达有意交流的愿望。如果你的孩子不能真诚地说“你的头发理得不错！”就说“我注意到你理发了”。但是说“你的新发式显得你耳朵向外翘”就不合适，即便那是真实的。

随时发现别人的进步，随时为别人的成绩而喝彩，随时为每一位上台唱歌的人而鼓掌，是一种智慧，是一种健康的心态。爸爸、妈妈应该教会孩子赏识别人，赞美别人，努力去挖掘别人身上的闪光点。父母如果想让孩子长大后能很好与人沟通，会得体地表达自己的心声，就从小培养孩子赞美的能力吧！语言是一种艺术，语言运用得体的人，会有一种特殊的魅力。

让孩子愿意主动与人打招呼

打招呼是我们日常生活中常见的行为，是人们见面时互相致意的基本礼节。不过，让家长们头痛不已的是，很多孩子见人不喜欢打招呼，经常弄得家长与他人都尴尬得下不了台。

媛媛是个害羞的女孩子，从小就比较怕生，见了亲戚长辈，也不知道主动打招呼，每次都是妈妈提醒了，她才会怯生生地叫人。

周末，媛媛和妈妈一起去姥姥家，一路上妈妈不停地嘱咐："到了姥姥家，一定要主动叫人呀！"媛媛听话地点点头。

到了姥姥家，媛媛怯生生地主动向姥姥问了好。可那天正好有个隔壁邻居的老太太来姥姥家串门，小姑娘看到一个陌生人也不知道应该称呼什么好，所以，就望着老太太不说话。妈妈见媛媛呆呆的样子，就连忙催促孩子说："快，快叫奶奶！你这孩子一点礼貌都不懂！"

媛媛听到妈妈这样说话，霎时眼圈就红了，心里想着，我不认识这个老奶奶，不知道应该怎么称呼，怎么说我没有礼貌呢？

其实，有时对于孩子的礼貌问题，父母对于孩子的要求过于苛刻，有时孩子不主动与人打招呼，并不是故意为之，更不是缺乏礼貌，而是有一定原因的。

（一）孩子为什么不爱打招呼

1. 先天因素

爱不爱打招呼，是天生的，也是父母后天影响。心理学研究发现，人的性格既有先天遗传，也有后天的环境作用，两者难说孰轻孰重。但对于幼小的孩子来说，也许先天的成分更多一些。天生较不怕生的孩子，通常能顺着大人的要求，腼腆地轻声说“阿姨好”，但天生个性较为内向、敏感的孩子，对陌生人心生戒备，要他对一个见都没见过的陌生人表示友好和开放，往往内心要经历一番痛苦的挣扎。

孩子不爱打招呼，也许你该反思一下，是不是遗传你们夫妻俩的？你们任何一个人小时候，是不是也很害怕和陌生人打招呼？也许孩子不爱打招呼，真不能全赖孩子。

2. 自尊心作祟

两岁左右，宝宝的自我意识和自尊心开始萌芽，三岁时一些孩子就显示出自己的主见，因此在被父母要求着向他人问候时，自尊心强的孩子会感到很没面子、产生逆反情绪，以沉默表示抗议。

3. 不懂得打招呼是礼貌行为

家长没有培养孩子的礼貌意识。强化孩子打招呼的行为。在这种情况下，孩子不知道跟别人打招呼是很正常的。

4. 不懂得该怎么跟别人打招呼

这样的情况很常见，在生活中，因为家长并没有意识到教孩子打招呼的重要性，所以没有教孩子如何打招呼，打招呼时该说什么，以至于孩子遇到这种需要打招呼的情况不知道该怎么做。

5. 没掌握打招呼的技巧

如果需要打招呼的不只是一两个人，孩子有可能一时不知道如何应对；或者认为挨个问好很累，而这个行为是为父母做的，不是自己情愿的，索性就全免了。这说明孩子还没掌握同时和多个人打招呼的技巧，也不懂得见了人要打招呼是礼貌行为。

6. 习惯问题

有些孩子不习惯用语言打招呼，而乐于使用动作表情，比如以向对方微笑来表示友好。

从上面的原因中我们可以看出，孩子不爱打招呼，很多情况下并不是因为孩子无礼傲慢，所以，对于孩子见面不叫人的行为，父母切忌统统将其归于“没有礼貌”。

（二）家长教育误区——不打招呼就责怪孩子，你想过孩子的感受吗

很多父母在自己做了要求而孩子没有按照要求与人打招呼时，自觉脸上挂不住，于是当着外人的面责骂孩子，什么“你可真不懂礼貌，白喂你那么多米饭了！”连说个话都不敢，长大能有什么出息！”一类的话，像连珠炮一般脱口而出。

“每一回听见大人这样说孩子，我总觉得好不忍心。曾经是小孩，现在又和幼儿打交道，深深了解被大人说‘没礼貌’的感觉，是一种羞愧，也是一种挫败。羞愧的是自己不好，嘴巴不甜；挫败的是自己做不好，让成人失望。而这种种的感觉，都得同时在大庭广众、众目睽睽之下，被揪出来。”一位台湾的教育博士如是说。

孩子不打招呼，就骂孩子，这绝不是合格的家长应该做的事。或许这其中的关键就是，我们不觉得小孩子有自尊心。我们觉得他们那小小的身躯里，没有太多感觉，没有太多自尊。此外，我们觉得自己的话就是一种教导，孩子就是要听！更或许，在儿时，我们的自尊心也被缺乏教育理念的父母漠视了，所以现在我们长大了，也有权利忽略孩子的自尊心？我们并看不见幼小的孩子处于巨人丛中时对陌生人的畏怯，也看不见他们受到责骂时所产生的罪恶感——连他们心爱的亲人也觉得他不够好，在别的大人面前数落他，他会觉得自己真的不够好。

是的，在众目睽睽之下数落孩子，教孩子该怎么做，责任是尽到了，

别人也会说这个家长不姑息孩子。在众目睽睽之下给孩子直贴标签（没礼貌、不听话……），震慑孩子的目的达成了，好像离把孩子教育成好孩子的目标也愈来愈近。但是，以羞辱为手段的教养孩子，这真的没有问题吗？

事实上，让孩子学会与人打招呼，最重要、最关键的是尊重，最有效的办法是示范和引导。

（三）如何让孩子愿意主动与人打招呼

对于孩子不爱与人打招呼这件事，父母针对具体原因，对症下药，帮助孩子提高人际交往能力。

1. 爸爸、妈妈首先要意识到，我们要做的不是在他没打招呼时定义他，更多的应该是示范，爸爸、妈妈要切记一点的是言教不抵身教，可以示范给孩子看自己对待朋友的方式，直观地学习和模仿对于习惯的养成很重要。另外还可以预告打招呼的方式可以有多种，并不一定要叫人，可以点头、招手、微笑等。当孩子有进步的时候，及时地给予肯定。家长要做到关注但不勉强，指导但不干涉。更不要给孩子贴上“不懂礼貌”的标签。

2. 爸爸、妈妈应该有意识地为孩子提供与生人接触的机会，例如，当有客人来时，父母应让孩子与客人接触，使孩子对客人产生亲切感，一段时间下来，孩子就会主动与客人交流了。又比如，多带胆小怕生的孩子参加社交活动，培养他们的胆识和勇敢精神，使之逐渐适应社交场合。对见到陌生人不知如何叫人的孩子，父母应该适时提醒孩子，并且教给孩子几个“万无一失”的称呼，以便孩子见到不知如何称呼别人时使用。

3. 多尊重引导孩子。当孩子不愿招呼人时，不要说“这孩子不懂礼貌”，这样会伤害孩子的自尊心，激起孩子的逆反心理，造成尴尬的局面，而应该慢慢引导，因为孩子需要较多的尝试和时间来适应新的事物，新的环境。

总之，对于“不爱打招呼”这个问题，爸爸、妈妈不能把所有责任推卸给孩子。孩子出现这个问题与家长的教育有密切的关系。因此家长所要做的就是用自己的行动来影响孩子，用正确的方法引导教育孩子，让孩子从小在父母的正确教育下健康快乐地成长。

让孩子知错并真诚地道歉

孩子缺乏是非观念，自我控制能力差，常不能正确认识到自己的错误。加上责任意识不足，通常在做错事后不懂得如何道歉。有时候父母以强迫的方式逼孩子说“对不起”，但实际上，这样做并不能让孩子完全认识到自己的错误。下面我们就说说怎么样才能很好地引导孩子学会道歉。

（一）父母不该有的态度

在孩子犯错以后，不同的家长会出现不同的态度，一般来说，可大抵分为两种：

1. 勃然大怒，严格对待犯错误的孩子，非打即骂，用粗暴的方式逼迫孩子道歉。事实上，逼迫孩子道歉并不是明智之举，因为如果孩子不是主动去做，道歉就没有任何意义。

有一位美国妈妈 Amanda，她永远不会逼迫孩子去道歉，无论孩子是对还是错。她这种不纠正孩子行为的教育方法在很多家长看来非常不可理喻。但据 Amanda 自己说，这是作为母亲教养孩子最正确的育儿法——不主动要求女儿跟别人说对不起。

首先要说明的是，Amanda 的女儿 Brittany 是一位彬彬有礼的小淑女。她非常有礼貌，在邻居中常常获得好评。大多数情况下，这是个非常善良，绝不会给别人造成伤害的女孩子。

然而有一天，Brittany 告诉 Amanda，她把从教室图书角借来的书给弄丢了，因为图书角的书籍是自由取阅，不需要进行登记的，即使丢了也查不出是谁干的，Brittany 害怕遭到老师责备，所以没有将这件事告诉老师。

在接下来的几个星期里，Brittany 脸上的笑容消失了，她终日惶惶不安，隔着房门，Amanda 都能听到 Brittany 的叹气声。最后，在良心谴责下，Brittany 将这件事告诉了 Amanda。

Amanda 听完 Brittany 的话，并没有马上对事情下定论，更没有马上逼迫 Brittany 去跟老师坦白、道歉，反而跟 Brittany 闲聊起来。

Amanda 询问 Brittany 最近的心情，Brittany 垂头丧气地告诉 Amanda，说自己非常烦恼，也很内疚。于是，Amanda 问 Brittany，为了让你的心情能变得舒畅，你觉得怎么做比较好？我觉得这才是你要考虑的事，唉声叹气改变不了任何现状。

Brittany 关上门想了一晚上，第二天她将情况告诉了老师，并表示愿意通过工作进行赔偿。老师欣然应允了。

这事就这样简简单单过去了。Amanda 说因为 Brittany 本身就对丢书的事感到无比内疚，所以自己没必要去火上浇油。“她为自己犯下的错承受着痛苦，所以我才问她，为了不让自己痛苦下去，采取什么样的措施能让事情变好？我知道她最终还是会选择道歉的，所以不会刻意去逼迫她做这样的事。”

Amanda 的教子手段很新奇，但又在情理之中。一个孩子如果被逼迫着去道歉，哪怕他暂时低头了，也根本起不到教育作用，倒不如让孩子自觉去做自己该做的事。

2. 孩子犯了错，伤害了别人，有的家长认为：“孩子这么小，哪里会道什么歉，实在要道歉，也是家长代替。”

小梅和楚楚是一对好朋友，两人从幼儿园起就是同班同学了，然后又是小学的同班同学，接着升上初中了，又分在了一个班。她俩感情好得就像一个人一样，比亲姐妹还要亲呢！

可是牙齿还有咬到舌头的时候，这天这对好友吵架了。原来，楚楚向小梅借了一支钢笔来写字，可是写着写着，却不知怎么坏了。小梅可心疼了，这是爸爸从国外给小梅带回来的，平时都不舍得用，现在借给楚楚用，谁知道她却没有保护好。小梅埋怨道：“这支笔我都舍不得用，现在可好，你却把它弄坏了。”

楚楚很抱歉，她小心翼翼地说：“对不起，我也不知道怎么就坏了。要不，要不我给你买一支新的吧？”

在气头上的小梅说道：“你上哪里去买呀？这是我爸在国外帮我买的……”

楚楚感到很委屈，她咬着嘴唇说：“是，我买不到，对不起了。”两个好朋友就这样因为这支钢笔吵翻了。

小梅回到家，感到很失落。妈妈看到了，便上前询问：“怎么啦，不是到楚楚家写作业了吗？回来就这个脸色？”

小梅回答道：“我刚才和楚楚吵架了，谁叫她不好好爱护我的钢笔。”

妈妈接过话茬：“钢笔，就是那支你爸帮你买的钢笔吗？”

“嗯。”

“哎哟，那是昨天你表弟弄坏的，我还没来得及和你说呢。”

小梅这下急得都快要哭了：“你怎么不早说，害我错怪楚楚，怎么办？我算是羞死了！”小梅一边跺脚，一边擦着眼泪。

妈妈看到女儿这般难过的情形，不知道如何是好，妈妈安慰着：

“别哭了，要不，妈妈帮你去和楚楚说对不起，这总行了吧。宝贝，别哭了。”

很多父母总是喜欢帮孩子承担一切事情和烦恼，还有的父母甚至连子女的错误都要包揽在自己身上，要代替孩子给人道歉，故事里面的妈妈就是这样的人。这些父母不知道，这样的做法对于培养一个有责任感的孩子来说，是有百害而无一利的。

其一，这不是真正的疼爱，而是在袒护孩子的过错，孩子没有从错误中获得应有的教训，也难以对自己的言行负责任。

其二，这种行为会让孩子觉得，犯了错误也没事，反正有爸爸、妈妈替自己承担，于是在有恃无恐的情况下，孩子可能会反复犯错误。

孩子伤害了别人，就应该自己去道歉，去承担后果，付出代价，这不仅仅是为了得到别人的原谅，也是从小建立责任感，这对增强孩子的自律精神、谨慎言行，以便将来顺利融入社会生活，有非常重要的作用。但是，还是要强调一下，切忌强迫孩子去道歉，而应耐心引导，让孩子认识到自己的错误，并愿意主动去道歉。

引导孩子主动、真诚地为自己的行为负责，爸爸、妈妈首先要弄清孩子不愿道歉的原因。

（二）孩子不愿意道歉的原因

1. 人格发展还不健全

六岁之前的孩子，很少能够考虑到其他人的感受。同情心是诚恳道歉的基础，但它是一项需要很多年才能慢慢发展完全的社会技能。一般来说，孩子要到七八岁的时候，才能站在别人的角度上考虑问题，理解自己的行为给他人带来的伤害。

2. 儿童的“骄傲”和“自尊”

儿童的小小骄傲与自尊比同情心发育地相对要早，这也是导致他不愿意说“对不起”的原因，即使他知道自己错了，心里真的觉得很抱歉，但在他看来，这是保留自己尊严的一种方式。

3. 不愿承认自己是坏孩子

如果说了“对不起”，就意味着承认自己做了坏事，在3岁左右的孩子的意识中，做坏事就意味着自己是一个坏小孩。

4. 父母使情况变得更糟

孩子在很小的时候其实就有了逆反心理，只是很多家长并没有注意到。当孩子犯错时，你的愤怒可能在他心里激起同样的愤怒反应。你越是大吼大叫发脾气，他就越不愿意说“对不起”。甚至，他还会采取很暴力的手段反抗你——气急败坏地踢人。或者完全被你的暴怒吓坏，简直不能够道歉。

（三）家长应遵循的原则

1. 当孩子犯了错误，家长应慎用批评的态度，更不要随意打骂孩子，因为很多时候，孩子的行为并不是恶意的。

2. 尊重和理解孩子的行为，关注孩子当时的情绪，保持孩子的自尊心。

3. 对孩子来说，从错误中学到东西才是最重要的，家长要让孩子明白该怎么做，并指导孩子的行为。

（四）引导孩子知错并真诚道歉

1. 父母首先应该明白，让孩子说“对不起”的意义不止在于道歉，而是让他们学会为自己的错误承担责任。孩子有时会抗拒道歉，这是因为他们需要一种认可——尽管我做错了事，但我并不是坏孩子，爸爸妈妈还是爱我的。

这时，不妨分阶段引导孩子主动去道歉，这样能够帮助孩子明白自己的行为对别人有什么影响，也能够让他学会如何补救自己的过失：

①当孩子做错事时，譬如与小伙伴打架，先不要急着让孩子去道歉，

先让他平静下来。如果在孩子愤怒时强迫他去道歉，很有可能会激起孩子的逆反心理。

②待孩子平静下来以后，家长以平和的语气与其讨论刚才发生的事情，并回顾孩子曾经受到伤害的情景，让孩子感同身受，问他："还记得上次乐乐冲你发脾气，你很生气很伤心吗？刚才你那样对明明，他现在也一定很伤心呢。"让孩子明白他的行为给别人造成的伤害。这能激起孩子的愧疚心理，使他在将来遇到类似的事情能做出更好的处理。

③接下来，父母要做的就是引导孩子想出解决错误的方法。比如，可以问孩子："如果下次再发生那样的事情，你会怎么做呢？"让孩子自己想出合适的方法远比家长的说教效果更好。

2. 向孩子传达这样的思想——勇于承担责任的孩子是受欢迎的。当孩子做错事后，家长要让孩子明白是由于自己的过失才造成这样的后果。但错误不是不可挽救的，可以让孩子提出一些可行的补救办法，以增强孩子的责任感。一味地指责只会加重孩子的逆反心理，父母不仅要注意孩子的言语上的道歉，更要让孩子摆脱自我为中心的想法，让孩子有愿意承担责任的勇气。

3. 给予孩子适度的惩罚与表扬。孩子犯错后，父母不可听之任之，除了让孩子明白错误的原因及补救方法外，还应该根据错误的严重程度给予孩子必要的惩罚。让孩子知道做错事后必须承受后果，从而牢记教训。家长可以通过目光注视、远离孩子、拿走孩子的玩具等惩罚措施，让孩子对自己的错误行为产生内疚，从而减少再次犯错的行为。当孩子意识到自己的错误而主动道歉后，家长也应该给予适当的表扬，让孩子明白知错能改的行为是父母所希望的。

4. 父母要以身作则，犯了错及时认错。父母是孩子的第一任老师，孩子的很多行为都是在模仿父母。如果父母做错了事或是错怪了孩子，不要遮掩逃避，应该坦诚地向孩子承认错误。父母给孩子道歉，不仅可以融洽家庭关系，也能够让孩子明白，世界上的每一个人都会犯错，做错了没关系，重要的是要敢承认，然后努力去改正。你的孩子并不会因此而把你看扁，你在孩子心中的威信反而会更高。

5. 有的孩子犯了错，总是寻找各种谎言来逃避责任，家长一定要及时纠正这种行为，让孩子明白说谎是一种恶劣的行为，比犯错误更让人不可原谅。

其实，孩子不会道歉，很大程度上是因为不懂得是非观念，不知道什么是对什么是错。家长应耐心告诉孩子为什么错了，错在哪里，需要如何做才正确。当孩子意识到自己的行为是错误的，道歉就显得顺理成章。但孩子有可能因为害怕承担后果而不敢承认错误，家长应鼓励孩子知错就改，给予孩子安全感，避免对认错产生畏惧感。

告诉孩子不该说的话不要说

对于很多家长来讲，“童言无忌”是他们认为再对不过的话，认为不管孩子说什么大人都不该往心里去，更不要过多地去要求孩子。实际上问题并没有那么简单，如果家长总是以这种心情和态度来教育孩子的话，那么最终会使孩子认为不管自己做什么事情、说什么话都是对的，因此可能会说出很不切合场合的话。

（一）不会说话的尴尬

“祸从口出”、“言多语失”、“谨于言，慎于行”等俗语、名言，都在教诲我们说话一定要小心谨慎，切不可口无遮拦、口不择言。

《管子·形势解》中有这样一句话："圣人择可言而后言，择可行而后行。"意思是说：贤圣之人在说话、行事之前总是要经过一番周密、谨慎地思索，而后言可言之言，放弃不可之辞，行当行之行，搁不妥之举。这句话启迪后人身处于世，谨于言而慎于行，实为一种优良品格和修养。

再给大家看几个不会说话的例子：

1. 一剃头师傅家被盗劫。第二天，剃头师傅到主顾家剃头，愁容满面。主顾问他为何发愁，师傅答道："昨夜被强盗将我一年积蓄劫去，仔细想来，只当替强盗剃了一年的头。"主人怒而逐之，另换一剃头师傅。这师傅问："先前有一师傅服侍您，为何另换小人？"主人就把前面发生的事细说了一遍。这师傅听了，点头道："像这样不会说话的剃头人，真是砸自己的饭碗。"

2. 在寿宴上，客人同说"寿"字酒令。一人说"寿高彭祖"，一人说"寿比南山"，一人说"受福如受罪"。众客道："这话不但不吉利，且'受'字也不是'寿'字，该罚酒三杯，另说好的。"这人喝了酒，又说道："寿夭莫非命。"众人生气地说："生日寿诞，岂可说此不吉利话。"这人自悔道："该死了，该死了。"

3. 有一人请客，四位客人有三位先到。这人等得焦急，自言自语道："咳，该来的还没来。"一客人听了，心中不快："这么说，我就是不该来的来了？"告辞走了。主人着急，说："不该走的又走了。"另一客人也不高兴了："难道我就是那该走又赖着不走的？"一生气，站起身也走了。主人苦笑着对剩下的一位客人说："他们误会了，其实我不是说他们……"话未完，最后一位客人也走了。

你看，说话是简单的事吗？如果我们说话时不加检点，就可能伤人败兴，引起误解，惹怨招尤。

（二）用讲故事的方法说话的技巧

其实，孩子在很多时候是不知道哪些话不该说，而哪些话是应该说的。这就需要父母让孩子从小注意自己的言语，这也是交际能力的体现。要培养孩子的交际能力，就要让孩子知道自己所想的是什么，自己所说的是什么，在孩子小的时候就应该有意识地去培养，不要让孩子认为自己什么话都可以说。而要培养孩子这种说话的能力，爸爸、妈妈不妨通过讲故事的方式来告诉孩子说话是有技巧的。

这段时间陈海飞感觉真的有点烦恼，因为自己的儿子宽宽说话不知道轻重，而且越说越狠。尤其是对着不喜欢的东西，或者是暂时不想要的东西，他会丢掉，并且在发脾气的时候，还会说脏字，甚至是将刚刚给他买的玩具丢掉，这让陈海飞很是烦恼。

一次，陈海飞带着自己的儿子去逛街，中途遇到了一个同事。同事也是带着自己儿子出来的。陈海飞就停下了脚步，然后跟同事聊起了天，而两个小孩也在旁边玩了起来。开始的时候，两个小孩玩得还很好，但是突然听到同事的儿子大哭了起来。陈海飞知道肯定是自己的儿子闯祸了。同事急忙走过去，看了看自己的儿子没有任何受伤的地方，连说没事的，可能是自己的儿子想要回家了吧，说完之后，便哄着儿子走了。

陈海飞和儿子也回到了家，然后陈海飞看儿子今天玩得很高兴，便问儿子今天那个小朋友为什么会哭。此时儿子说道：“开始的时候，他想玩我手里的玩具，我就给他了，我们交换了玩具玩，但是他的玩具一点都不好玩，我想要换回我的小火车，但是他就是不给我。我看他不给我，我就说我的火车会变魔术，能够像金箍棒一样立刻变大变长，到时候就会把他压死。我说完这些之后，他就哭了，真是一个胆小鬼。”儿子还自豪地说着，但是陈海飞的心里听得有些害怕。

陈海飞想要让孩子明白很多话是不可以乱说的，便对孩子讲了一个故事，说道："儿子，妈妈给你讲个故事吧，你不是最喜欢听故事吗？"儿子听了这话，自然连声叫好。陈海飞讲道："从前，有一只小公鸡和一只小鸭子，小公鸡总是欺负小鸭子。有一次，小公鸡对小鸭子说：'你赶快把主人给你的食物给我拿出来，不然我就天天打鸣，不让你睡觉。'小鸭子每天都受到小公鸡的威胁，只好把吃的给了小公鸡，自己去河里捉鱼吃去了。但是没想到小公鸡还是不罢休，追着小鸭子，然后看到小鸭子逮到了小鱼，便对小鸭子说：'我也要吃鱼，把鱼给我，不然我就会打鸣，吵醒你睡觉。'这个时候小鸭子很生气，说：'你为什么要抢我的食物，你明明知道自己吃不了鱼。'公鸡说：'谁让主人那么偏心，明明你有鱼吃，还要给你那么多的食物，而我每次只有你一半的食物吃。我不喜欢主人，也不喜欢你。'第二天小鸭子就将这些话告诉了主人，主人很生气，便直接将小公鸡送人了。"

儿子听完陈海飞的故事说道："那只小公鸡真讨厌，老欺负小鸭子，把它送人也是应该的。"此时陈海飞说道："小公鸡之所以被送人，关键不是因为它欺负小鸭子，而是因为它说了不该说的话，你说对不对？"儿子连忙点头，陈海飞接着说道："所以说啊，儿子，以后你要是不注意你说话，那么很可能会得罪别人，最终得不到别人的喜欢。在跟别人在一起的时候不能乱说话，有的话是不能瞎说的，你明白吗？"儿子似乎明白了妈妈的意思，他点了点头，从那之后，他说话总是很注意。

孩子需要去理解什么话是该说的，什么话是不该说的。只有当他明白了这一点的时候，他才会去注意。就如同陈海飞的儿子，如果他明白自己当时说的话可能会吓到对方，那么他可能不会说那样的话。所以说，作为家长，我们有义务让孩子明白什么话是可以说的、什么话是不应该说的，这样有助于从小培养孩子的交际能力，让孩子明白话语的重要性。

生活中，父母在通过讲故事的途径告诉孩子什么话是不该说的过程中，要注意哪些问题呢？

1. 所讲故事一定要简单易懂

孩子的思维还没有那么成熟，所以说爸爸、妈妈在选择故事的时候一定要选择那些比较简单的，这样孩子听起来才会更加容易听懂。如果那些故事过于复杂，孩子很可能会不知道你在讲什么。这就是对家长选择故事的要求，尽量让孩子能够自己感知到故事中的含义。

2. 在孩子不明白故事的时候，一定要进行讲解

当我们所讲的故事的含义不是那么明确的时候，一定要慢慢地给孩子进行讲解，不要让孩子为了听故事而听故事，让孩子明白其中的道理才是最重要的。当然，在讲解的过程中，一定要考虑到孩子的思想和感受。

3. 亲身示范告诉孩子说话要看场合

家长平时说话也应该符合场合，要想教导孩子讲应该讲的话，就要亲身示范，让孩子从你身上看到哪些话是不该说的，哪些话是可以说的，这是很好的教授方法。当父母在和朋友交往的时候，可以带上孩子，让孩子多经历一下不同的场合。孩子具有很强的模仿能力，有很多东西大人不说，孩子也会主动去模仿和学习，自然而然，就能够帮助孩子成为一个善于交际的人。

4. 慢慢来，这不是两三天的事情

说话本身就是一门很深奥的学问，别说是孩子，很多大人还无法很好地掌握说话的技巧，所以说对于孩子这方面的教育，家长们一定不要操之过急，要学会牵着“小蜗牛”，慢慢地向前走，不要期望一两天之内就能够让孩子知道什么话该说、什么话不该说，时间才是帮助孩子成长的最佳良药。

最后要嘱咐各位家长一句，当孩子做得很好的时候，一定要夸奖孩子，让孩子明白自己这样做是对的，自己说的话是应该说的，这是帮助孩子学会“选择性”讲话的好办法。

03

品格篇

内在个性造就非凡儿童

个性是一个人生活经历的积淀和反映，是人与环境及教育相互作用的产物，幼儿的个性正处在塑造的关键时期。我们要用爱的眼睛去发现孩子，用爱的鼓励去调动孩子，用爱的感觉去滋养孩子，用爱的行为去影响孩子，让孩子学会爱，学会快乐地成长。

还孩子心灵一片净土

在一个家庭中，如果父母或其中一方有心理不健康问题，就容易构成不健康的家庭氛围，形成特定的心理环境，并对其子女产生影响，从而对子女的心理造成污染。

（一）父母对孩子心理污染的主要表现

1. 认知方面的“心理污染”

父母不健康心理往往表现出认识混乱。比如歪曲现实，看法过于偏激，秉持错误的价值观、消极的人生观和世界观。父母这种不健康的思想观念和认知方式很容易对其子女的认识过程和思想观念产生污染。比如，有的父母“金钱万能”、“利益至上”的错误思想对子女产生“污染”后，导致孩子在学校采取不合理行动。

2. 情绪方面的“心理污染”

父母不健康情绪表现为对人对事不正常的态度和情感，甚至产生过度焦虑、敏感、多疑、担惊受怕、烦躁不安等情绪。这些不健康情绪常常影响其子女的思想感情，随着时间的推移，有的子女在处理事情时就会不知不觉地与其父母具有“同感”和抱有同样的态度。

3. 性格方面的“心理污染”

父母心理不健康在性格上表现为对人粗暴，遇事爱发脾气，或表现出畏怯退缩、抑郁、孤独和过分软弱、怕事等。这种性格如果在家庭中经常处于主导地位，就会直接影响孩子良好性格的形成。

4. 社会品德方面的“心理污染”

父母心理不健康更多反映在社会品德方面，表现为不诚实、造谣、偷窃、做事不择手段等。这些品德极易被那些缺乏辨别能力和难以抵挡诱惑的孩子所接受。例如，有的父母常从单位拿东西回家，还扬扬得意，结果成了子女捡到东西不还或进行偷窃活动的根源；有的父母在同事或领导面前说谎话，还自以为高明，而子女又模仿其办法欺骗父母和老师。

5. 生活习惯方面的“心理污染”

父母要有正确的世界观和价值观，正确处理个人与他人、社会的关系。同时，要形成良好的心境，使心理上有轻松感和快乐感，从而减少心理冲突，避免各种“心理病变”。这样，就可以消除和避免对子女的“心理污染”。

（二）保证孩子的心理健康

父母是孩子的第一任教师。良好的教育方法、良好和谐的家庭气氛对孩子的心理成长是十分重要的。

1.1 ~ 2 周岁的幼儿没有辨别事物对错的能力，因此父母要逐一地告诉孩子什么是对的，什么是错的，什么事情能做，什么事情不能做，要鼓励孩子去探索，做对的要给予言语的鼓励，做错的要讲明道理，让孩子知道错在哪里，从头再来，直到把事情做好为止。

2. 对孩子合理的要求要尽量去满足，对不合理的要求要讲明道理，坚决拒绝。一切顺从孩子的意愿、溺爱或粗暴苛求都会对孩子的心理发育产生不良影响。对幼儿耐心地讲道理是件十分有意义的事，幼儿虽然对父母讲的道理可能不甚明了，但长此以往，孩子就会逐步明白这些道理。遇事给孩子讲道理对培养孩子平和的心态很有好处，在孩子长大后，他也会以讲道理的方式去处理问题。

当然，很多父母一味纠正孩子外在的偏差行为，那只会导致与青少年子女的疏离。因此，当孩子们需要理解时，尤其在他们闹情绪时，父母更要理解他们、同情他们，真心诚意去帮助他们，这样才能平息他们的情绪，收到好的效果。当然，施教要因人而异，不可千篇一律。

培养孩子正确的是非观

家庭道德教育没有什么成熟的理论，也没有可依恃的范本，它需要父母在日常生活的一点一滴中向孩子灌输是非善恶的观念，培养他优良的道德品质。

（一）为什么要注重品德培养

1. 品德是一个人立足社会的通行证。一个讲道德的人，人们愿意与他交往，这意味着他有更多的资源和机会，更容易成功。

2. 品德是一个人素质的核心部分，成功的人，大多是具有较高素养、品德高尚的人。一个品德低劣的人，本事越大，对社会的危害就越大，个人吃亏也就越多。

3. 一个道德高尚的人，意味着他的人生有了追求和动力，他的生命处于更高的境界，他的人生才会精彩。因此，教育孩子做一个有德性的人，是父母最重要的责任。

（二）爸妈不该做的事儿

张先生经常对儿子大海说的一句口头禅是："顾好自个儿，别的啥都别管。”

有一次，大海在学校里跟同学打架，挨了老师的批评，张先生怒不可遏地冲到学校，打了大海的同学不说，还把老师大骂一顿，最后又与被打同学的父母扭打在一起。自此以后，大海在学校里越来越横行霸道、无人敢惹，得了个“小霸王”的称号，而张先生也被冠以“霸王爹”的“美誉”。

还有一次，父子俩在电视里看到一位热心人把一个被车撞倒在路边的老汉送到医院，最后却遭老汉家人诬陷的故事，张先生郑重地教育大海：“看到没有，好事不能做。”

可以预见，在张先生的言传身教之下，大海长大后会成为一个什么样的人。张先生这种缺乏正确是非观念的教子方式是错误的，但是，父母自身拥有正确是非观念就能教出好孩子吗？那也未必，还要看父母以什么方式教育孩子。

（三）爸妈应该做的事儿

孩子道德行为的养成，需要父母告诉他们哪些是善的，哪些是恶的，哪些是应该做的，哪些是要坚决反对的。需要给孩子们实践的机会，“勿以善小而不为，勿以恶小而为之”，从点滴小事做起，使孩子在生活中磨炼意志，提高自我控制、自我调节、自我转化的能力，从而养成良好的道德习惯，形成稳定的道德品质。

1. 言传身教

子女可以从父母的模范行为中受到潜移默化的影响，汲取很多有益的营养。爸爸、妈妈毫无疑问地承担着培养孩子道德意识的责任。所有的育儿理论已经说了无数遍：父母实施教育的最有效的做法，就是自己给孩子做个表率。举个例子，如果某父母当着邻居的面大大地夸奖对方的孩子，而回到家关上门就说“这个小孩简直就是傻瓜一个”的时候，你还怎么能够让孩子成为一个品德良好的人呢。

在郑州曾经发生过这样一件事，一个 15 岁的孩子在郑州机场带着两个陪舞小姐，后被警方带走盘问，原来这孩子的父母从事电脑贸易，家境富裕，但很少过问孩子的学习和生活，孩子就带着 15 万元现金，周游各地，并叫上这两个小姐。当孩子的母亲到公安局领人时，对孩子没有任何批评，对警方也没有一句感谢的话。可想而知，这样的父母会养出一个怎样的孩子。

2. 引导孩子正确地评价自己和别人

孩子对各种道德现象的认识是很浅薄的，对人的道德评价往往以成人的评价为依据，所以父母对周围现象和行为的评价，要分清是非，善恶分明，给孩子留下爱憎分明的烙印。对于自己或他人的行为，先引导孩子去分析和评价，然后再对孩子的评价给以补充和纠正。比如在公园里看到有的孩子摘花，拿零食喂动物，就问："你看，他这样做对吗？"孩子会说："不对。"可以接着问："那为什么他这样做是不对的呢？"以此来引导孩子用所掌握的道德观念来进行分析。渐渐地，孩子就能独立地进行正确的评价。有了正确的评价就不难做出正确的举动了。

3. 丰富孩子的道德情感

父母可以利用影视作品、书籍中良好的道德形象，引起孩子情感上的共鸣，应该经常运用孩子周围生活中具体的事情来感染孩子。

4. 注重训练孩子的道德行为

孩子的情感非常不稳定，容易冲动，自制力和坚持性差，所以孩子的道德认识常常和道德行为脱节。针对这种状况，父母要加强对孩子具体道德行为的指导和督促。父母对孩子做出的正确行为要不断赞美、强化，充分、及时地肯定和鼓励孩子的正确做法。看到孩子主动把玩具让给别人玩，就表示很赞同，并说："你做得很好，真是个好孩子！"看到别人在大街上随地吐痰，可以厌恶地对孩子说："真不讲文明！"父母这种鲜明的是非观，会给孩子留下深刻的印象。孩子以后遇到类似事情也会给出相同的评价，从而产生正确的价值观。

（四）要注意尺度的把握

父母在对是非善恶的把握上不能过分苛刻，要允许孩子犯错误，不能抹杀孩子天性中求知活力的一面，因为好孩子不是呆孩子。

最后提醒各位家长，在对孩子的“是非观”进行培养时，最忌父母双方思想不统一，这样会造成孩子观念的混淆。爸爸、妈妈时时处处要有一个正确的判断是非的观念，让孩子在大人的教育中掌握正确的判断事物好坏的标准，让孩子在是非和道德观念上快速成熟起来。

让孩子从小学会关爱

大部分的独生子女由于备受家长的溺爱和迁就，使得这些在蜜罐中长大的孩子缺少了爱心和孝心，只爱自己，不爱父母，更不会关爱他人、关爱集体。这不得不让人们反思，我们对孩子爱心的培养到底缺失了什么？怎样正确引导孩子，培养孩子同情、友爱、感恩的善良之心，使孩子从小懂得尊重和关爱他人，对孩子的成长是非常重要的。

三字经上说：“人之初，性本善。”那么，为什么“性本善”的孩子会缺失爱心呢？

（一）造成孩子爱心缺失的原因

1. 家庭因素的影响

家庭是孩子的第一所学校，家长是孩子的启蒙教师。家庭的环境、家庭的教育方式方法及家庭成员之间的关系，都直接影响着孩子的爱心成长。其中家长的教育观念和教育方法在孩子爱心成长中起着指导性作用；还有家庭风气、家庭结构、家庭经济状况对孩子的爱心成长都起着潜移默化的作用。

有一位爸爸是一个教育工作者，但在教育自己孩子的问题上，却困惑不已。儿子是他的骄傲，夫妻俩一直无微不至地照顾孩子，孩子小的时候，家里经济条件不是很好，夫妻俩用省下的钱给孩子买营养品，吃鱼或排骨的时候夫妻俩就看着孩子吃个够，自己才动筷子。他们省吃俭用给孩子买钢琴，买电脑，请家教，他们常对孩子说的一句话就是："不用担心我们，爸妈是大人，你只要生活得幸福，我们就幸福了！"后来孩子进了重点中学，成绩也很优秀，然而这孩子却有个毛病，不会关心大人。有一天，妻子出差，这位父亲和儿子留在家里，八点多钟时，他的胃病犯了，疼得直冒冷汗，他勉强从床头柜里摸出一瓶胃药，然后让客厅里的儿子帮他倒杯水，没想到孩子对他的呻吟声毫不理会，反而不耐烦地说："你不会自己倒呀，我还得写作业呢！"这一刻，他感到自己的心比胃还要疼。

孩子的做法多么令人痛心，然而这一切究竟该怪谁呢？很多父母也像这对父母一样，认为爱孩子就该是无私的、奉献一切的。其实这种想法大错特错了。前苏联教育家苏霍姆林斯基说过，爱心是最宝贵的，孩子的爱心必须从小开始培养，因此引导孩子的爱心也是父母对孩子应尽的义务。

2. 社会因素的影响

社会环境主要指家庭和学校以外的一些关系，如朋友、邻居、非正式团体及各种社会活动场所。在经济浪潮的冲击下，社会上各种丑恶现象屡见不鲜。孩子所处社会环境、社会风气及周围人的文化生活形式，都影响着他的爱心成长。

爱心和善良是每个人都应该拥有的基本素质，但是做父母的首先要让孩子知道如何保护自己，在保护好自己的基础上还要学会如何救助别人。

爱心是孩子心理健康的一个十分重要的内容，尤其在儿童时期，孩子的身心发育最为迅速，是最关键的时候。因此，在这个阶段呵护孩子的爱心，对塑造他们的良好性格和健康行为都具有十分重要的意义。然而现在的许多教育方法更多的是关注孩子的智力开发，却往往忽视了孩子品德的培养，甚至可以毫不夸张地说，现在许多孩子在被教育的时期是处于感情教育的荒漠之中的。

（二）孩子缺乏爱心的表现

1. 不知道什么是爱，对爱充满了无知。不懂得热爱生活。

2. 不知道怎样表达爱，甚至拒绝表达。不会爱他人，始终以冷漠的态度面对周围的人和事。

3. 不屑于爱这个社会，对社会充满敌意与报复心理。总觉得别人对自己不够关心、不够好。

4. 不知道爱父母，眼中只有自己一个人。不懂得对生命要有所感恩，不知道谢谢父母哺育了自己。

5. 不去了解他人的需要、家庭的需要和社会的需要。只知道自己的需求才最重要。不知道为别人付出，只知道不停地向别人索取。不会帮助别人、欣赏别人，不去表达自己对他人的爱。

（三）教孩子学会关心爱护别人

一位儿童教育家说："只知索取，不知付出；只知爱己，不知爱人，是当前独生子女的通病。"问题出在孩子身上，根子还在于父母的教养方式。试想，一个连自己的父母都不知道爱的孩子，长大又怎么能去爱别人，又怎么能适应社会生活呢？父母不仅要爱孩子，更重要的是让孩子学会爱。只管耕耘不问收获的父母之爱，很容易变成一种对孩子的私爱、溺爱。教师和家长应该及时对自己的教育进行反思，教育孩子同情人、关心人、体贴人、爱护人，给人以真诚的爱，使其成为有同情心、富有人情味的人。

1. 不要让孩子成为家里的特殊人物，养成衣来伸手饭来张口的坏习惯。父母要让孩子知道，每个家庭成员都要分担家中事务，不劳动者不得食。让孩子做力所能及的事，并从中体会到父母为家庭付出的辛苦和养育之情，体会爱的付出。

2. 促进亲子间的情感沟通。家庭中爱心和亲情要靠父母精心营造。父母要用爱熏陶孩子的心灵，就应该多关心和尊重孩子，说话要温柔体贴，注意倾听孩子的感受，多与孩子进行情感的沟通交流，多给孩子讲互助友爱、善良战胜邪恶的童话故事，让浓浓的爱意渗透到家庭的每个角落。父母及家庭成员之间的语言要充满爱心，经常把“谢谢你为我做的××事”、“你辛苦了，歇一会儿吧”、“不要着急，我来帮助你”等礼貌语言挂在嘴边。夫妻之间相互关爱、体贴，并尊重和孝敬长辈。所有这些情感的沟通和交流是孩子爱心得以生根发芽的催化剂。

3. 向孩子示弱，让孩子回爱。生活中，很多父母都会发现这一点，你小小的孩子是乐于充当你的保护者的。如果停电时，你拉住孩子的手告诉他你很害怕，那么孩子一定会故作勇敢地抱着你：“妈妈不要怕，我来保护你！”示弱就是为了让孩子知道父母不是万能的，让孩子由被爱向施爱转化，从感激父母、牵挂父母，到想为父母做事，回爱父母，形成健康、完整的爱的循环。

4. 及时让孩子感受关爱他人的愉快体验。有些孩子本来很有爱心，心中有他人，有好吃的先想到别人，有好玩的先让给别人，看到别人有困难了总能主动地去关心……可是，却经常得到消极的结果，比如没人对他说谢谢，自己喜欢的东西总也得不到等，久而久之，孩子就会有一种“好心没好报”的感觉，索性以后就不再这样做了。对于这样的孩子，父母应有意识地加以引导，积极肯定孩子的友善、关爱行为。譬如，给予赞许的目光、肯定的语言、微笑的面容，以及轻抚孩子的肩膀、对孩子亲切地点头、翘起大拇指等，进一步强化孩子关爱他人的动机，让孩子愿意更多地、自觉地做出关爱他人的行为。

5. 创造机会，巩固孩子的关爱品质。如今大多数是独生子女家庭，再加上单元式的住房特点，孩子除了和自己的父母祖辈们相处外，几乎很少有机会和同龄伙伴相处，因而他们的关爱对象只有父母长辈，范围狭小。所以做父母的应该积极地想办法为孩子创造、提供与其他人相处的机会，比如和同龄或是年纪相仿的小伙伴们相处。孩子在和他们相处中，就会有很多学习关爱和关爱他人的机会。

爸爸、妈妈应该明白，爱孩子不是只要让他吃好、睡好、学习好就可以了，还要让孩子心存爱意，关心父母和他人。教会孩子学会关爱亲人其实是一件很简单的事情，只要家长多用心，在平时生活小事中，潜移默化地影响和教育孩子。多给孩子做个好榜样，多提醒孩子，多给孩子讲道理，就可以让孩子顺其自然养成好习惯。

培养孩子乐于助人的美德

人的本质是爱的相互存在，人的生活是与他人的相互交往构成的。教育孩子乐于助人，能够让孩子与他人建立更好的关系，收获更多的快乐，生活得更加充实且有意义。

一个孩子要是在冷漠的情感中成长，难道我们做父母的不感觉到可怕吗？

（一）冷漠的可怕之处

关心和被关心是人类的基本需要。在人生的每一个阶段，我们随时需要被理解，被接受，被认同，但是现在的孩子们，缺乏兄弟姐妹在一起玩乐的友爱，所以大都养成了很“独”的性格。这样的孩子，在青春期如果依然独来独往，没有可以在一起分享快乐、分担烦恼的同学和伙伴，成年后，他的心理就有可能出现问题。

有一位女数学家，曾在科研领域上做出过卓越的贡献。尽管她在事业上出类拔萃，然而她却是一个情绪障碍症患者。她性格孤僻内向，成天关在小房间里看书学习，演算公式，攻克难题，几乎没有任何人际交往。她为人沉默寡言，给人一种“古怪”的印象。40岁时才在家人的催促下结了婚。结婚时，她不知道该如何操办婚礼，婚后不知道上哪里去购买生活用品。由于过分内向离群，对外界反应不敏感，社会适应力很差。女数学家所表现出来的情绪障碍症状，心理治疗学上称之为淡漠症。

淡漠症患者往往表情淡漠，缺乏强烈或生动的情绪体验。他们对人冷淡，甚至对亲人也是如此，缺少对他人的温暖与体贴。他们几乎总是单独活动，主动与人交往仅限于生活或工作中必需的接触，除一般亲属外无亲密朋友或知己，很难与别人建立起深切的情感联系。

大量事实证明，从小培养孩子乐于帮助他人的美德，对孩子今后具有高尚的情操、健全的人格有不可估量的影响。那么，父母怎样培养孩子乐于助人的良好品德呢？

（二）了解孩子同情心的发展规律

要以助人为己乐，首先要有一颗真诚的同情心，理解他人的感受并愿意给予帮助。同情心并不是天生就有的，它有自身的发展规律，并且在与他人的交往中逐渐发展。

幼儿的同情心有不同的发展阶段：

一岁以前的婴儿就对别人的情感有反应，如果听到别人哭，他也会跟着一起哭。

1 ~ 2 岁，孩子初步具有了真正的同情心，看到别人哭，他会拿出自己喜爱的东西和别人分享，或者用身体去碰触，表示支持和理解，有时也会说一些安慰的话。这表明他已能清楚地分辨自己和他人的痛苦，并有了试图安慰与帮助别人的愿望。

5 ~ 6 岁时，幼儿对情绪理解的深度增加了，会越来越深入地理解别人伤心的原因，同时随着语言能力的发展，他会更多地运用语言来展现自己的同情心，会根据不同的原因说不同的话来安慰他人。

那么，在这个时期，家长应该怎样培养孩子的同情心，并引导孩子做出助人行为呢？

（三）培养孩子助人为乐的方法

1. 从小进行熏陶和培养

大海靠一滴滴水汇集而成，爱的殿堂靠一沙一石来构建。自小给予孩子同情心和怜悯心的情感，是在他身上培植善良之心。比如，公共汽车上，父母对孩子说：“你看，那个阿姨抱着小弟弟多累呀，我们让他们坐到这里来吧。”邻居阿婆年老生病，父母带着孩子去探望问候，帮阿婆做事……经常让孩子看到大人是怎么同情、关心、帮助人的，对于培养孩子的善良品质是最好不过的了。

2. 家长树立好的榜样

其实，没有哪一个孩子的天性是不好的。正如著名教育专家王东华先生所说：“没有教不好的孩子，只有不会教的家长。”每一个孩子的身上，都有父母打下的烙印。很多时候，我们与其说是在教育孩子，不如说是在污染孩子纯真的心灵。当这种污染达到一定程度时，我们又反过来说孩子自私，说他们以自我为中心。面对不断成长的孩子，我们有必要扪心自问，孩子的自私有多少是我们亲自灌输给他的？所以培养孩子乐于助人的美德，家长必须做好榜样，让孩子们从主观意识上认为这种品格是必须具备的，同时能够主动地去帮助别人，不求回馈。

3. 创造温馨的家庭氛围

有些家庭的氛围很不好，夫妻对方有人病了，不知道去细心体贴；爹妈病了，由于工作忙或其他的原因，没有及时去嘘寒问暖，体贴照顾老人。大人的这种冷漠的情感，常常忽视了孩子的存在，父母的言传身教无形地影响着孩子冷漠性格情感的形成。而同情心重要的是善解人意，善于安慰人，即具有较强的体察别人情绪的能力，温馨的家庭氛围才能够让孩子充满安全感，情绪健康而稳定，更有能量也更乐于去关怀与安慰他人。

4. 让孩子阅读鼓励助人为乐的书籍

现在越来越多的儿童读物关注培养孩子慷慨大方、乐于助人的行为，比如“青蛙弗洛格”系列里的《冬天里的弗洛格》。父母要善于给孩子提供这样的故事类书籍，和孩子一起阅读，把故事中所含的哲理告诉孩子，让孩子从故事中懂得助人为乐，做个爱学习、爱同学的好孩子，进一步懂得做人的道理。

5. 给孩子布置任务

让孩子在邻居之间或是校园里做点有益的事情，比如照料宠物、做饭、教更小的弟弟妹妹们做游戏，或者给不幸的孩子制作玩具，这些都可以培养大多数孩子乐于助人的品质。

当然，并非所有的孩子都能自发地去做这些事情，必须有人鼓励他们，教他们，甚至有时需要强迫他们，但只能是温和地强制，否则会适得其反。

6. 及时肯定与赞赏

当孩子做出同情与助人行为时，要及时给予肯定，并在事后和孩子讨论他的感受，引导孩子分析从中学到了些什么，加深体会，强化行为习惯。

相信，只要父母有耐心坚持做好自己该做的事情，长此以往，孩子自然会成长为一个乐于助人、大方快乐、受人欢迎的人。

让孩子知道，帮人不是为了回报

有些父母喜欢用物质奖励来“引诱”孩子做好事，事实上这并不是一种明智的做法，经常用这种方法有可能会导致孩子产生不良心理。家长的物质奖励要适可而止。

（一）物质奖励破坏了孩子内心的兴趣

当我们为了事物本身的利益去做某事的时候，是因为我们喜爱它或者它满足了一些我们深层次的需要，我们是从内心被这种强烈的兴趣驱动着；而当我们为了得到奖励而去做某事的时候，比如证书或者金钱，就是外在的动机在驱动你的行为。内在驱动是积极的，而外在驱动往往是消极的，把完成工作作为获得奖励的前提条件，会使人们认为这种工作一定不是我想做的，我是在被动地做我不愿意做的事情。

很多父母都有类似的困惑：动辄给孩子金钱、物质的许愿和奖励，开始的确有效，但慢慢地就不尽如人意了，甚至起到相反的作用，导致孩子对物质利益的过分追求，发展到孩子把按父母的要求做事作为交换奖赏的筹码。

奖赏之所以不灵验，正是“德西定律”在起作用。父母如果让孩子养成为了获得奖赏才去努力学习的习惯，孩子就体会不到出色完成一项工作之后的激动与兴奋，单纯地求知的快乐可能会逐渐降低。而对于任何事情来说，兴趣才是更大更持久的动力，一旦失去了兴趣，做事的动机就会大大下降。

（二）一味的物质奖励会使孩子“认钱不认人”

如果孩子按大人的要求做好事就给报酬，那么，当你生病卧床不起时，孩子可能会先向你要报酬，再来照料你。这时，孩子没有了爱心，有的只是冷漠。

图图的爸爸和妈妈让他承包家务，倒垃圾一个月给十元钱，洗碗一个月给 20 元钱。开始时，图图的劳动积极性很高，干得也很好，可后来爸爸发现了不良的苗头：让他去楼下超市买东西，他提出要一元钱的跑腿费；让他帮大人递东西，他说自己没有承包，没义务。这个星期天，妈妈生病了，爸爸要去单位加班，嘱咐图图在家帮妈妈做一些力所能及的事情，图图竟然问爸爸，给他多少钱作为报酬。最后，图图爸妈不得不废除了承包协议。

一味地给予物质奖励，会使孩子的欲望越来越大，沾染上自私自利和功利主义的毛病，养成斤斤计较、讨价还价的庸俗习气。此外他们会形成一种错误认识：所有的付出都应该得到金钱回报，因而不可能养成无私奉献的高尚品格。

（三）纠正孩子“有偿助人”的毛病

基于上述弊端，父母要让孩子理解，帮助人与获取报酬的劳动是不同的。帮助人是为了给人快乐，不是为了获得报酬。教育孩子明白干家务是体谅、帮助父母，是家庭成员应尽的义务。

1. 首先，父母要明白其实孩子未必真的贪钱，可能是因为听到其他孩子帮忙做家务，而得到“奖赏”的事件后，自己本着不吃亏的心态也试试。当然，父母不能助长孩子养成做事要讲报酬的不良习惯，应该巧妙地和孩子说：“原来钱比我更重要呀，我会很伤心的。”让孩子明白父母希望他诚心诚意地帮助，也让他明白父母对自己的期望，不要太重视报酬的回报。

2. 父母平时也应该注意，不可用金钱利诱孩子帮忙工作，做成双重标准，否则将来想改正也难了。父母最好多鼓励孩子做家务，让他觉得帮忙做事是应该的，父母也不忘多使用“请……”邀请孩子帮忙，或者在孩子帮忙后，及时说声“谢谢你的帮忙……”作为代替报酬的奖赏。

3. 父母要引导孩子多参加公益劳动，如让孩子清扫公共的楼梯和过道，清除花园的杂草等，让孩子懂得劳动并不一定要取得回报，劳动是与奉献紧密相连的，让孩子在奉献中感到快乐。

总而言之，用物质来引导孩子绝不是一个可取的长期对策。父母在激励孩子的时候，应该以精神奖励为主，比如：孩子做了好事，可在家人或亲友面前表扬他们，使他们产生荣誉感；年龄小一点的孩子还可以给他们戴红花，贴红旗；还可以拥抱、亲吻、口头表扬他们，或者发贺卡和奖状；如果孩子连续一段时间表现得好，可以带他们去看电影、旅游或吃一顿他们喜欢的饭，等等。

让心胸狭窄的孩子变得大度

每位父母都希望自己的孩子宽容、大度，因为这样的孩子才容易和别人友好相处。但是生活中，心胸狭窄的孩子却相当普遍；这些孩子都有一种优越感：自己才是最好的，谁也不如我！而一旦发现有人超过了自己，这些孩子便无法忍受，甚至还会想方设法打击对方。

平平上小学一年级了，爸爸开着自家的车把女儿送到学校，他认为自己的女儿聪明、漂亮、机灵，一定会成为班里的佼佼者。果然不出所料，三天后，平平放学后兴高采烈地向父母报告："老师让我当班长了！说我学习好、聪明、能力强！全班同学里只有我获得的表扬最多，其他的孩子都不行！"爸爸、妈妈也很高兴："就是嘛！谁能比得上平平呢！"然而半个学期没过去麻烦就来了，平平回家后，总是拉长了脸，向妈妈数落自己的同学不好：小舟只不过会跑步，大家都捧她，但其实她是笨蛋；小美长得漂亮，有什么了不起的，穿得那么土……而且她还向妈妈抱怨同学都忌妒她，不理她。结果妈妈向老师一问才知道，原来平平在班上总是表现得心胸狭窄，如果班上有哪个同学在哪方面超过了她，她就会反应强烈，甚至诽谤人家，因此同学们都疏远了她。不仅如此，平平也不能接受老师的批评。有一次，老师说她学习好，工作能力强，就是工作方法上存在着一些问题，同学关系有时会出现一点紧张，希望她能稍微改变一下。老师说得很委婉，也很诚恳，但心胸狭窄的平平哪里听得进去。为了这件事，平平一连几天拉长着脸，也不说话，她觉得太不公平了，老师怎么能这样对她呢？平平总因为一些琐碎的小事而生闷气，妈妈看在眼里，急在心里，她越来越为女儿担心，她担心女儿这样的性格将来适应不了社会。

心胸狭窄就是一种心胸狭隘、气量狭小的心理和人格缺陷。狭隘者常常表现为：吝啬小气，斤斤计较，吃不得亏，会想方设法弥补“损失”；不能容忍他人的批评，不能受到一点委屈和无意的伤害，否则便耿耿于怀、伺机报复；人际交往面窄，容不下那些与自己意见有分歧或比自己强的人等。那么，为什么小时候那么天真可爱的孩子，会变得越来越心胸狭窄呢?

（一）孩子心胸狭窄的原因：

1. 生活环境影响

如今的孩子多为独生子女，在家庭中，孩子就是一切，爷爷、奶奶、爸爸、妈妈整天围着一个孩子转，孩子就是“小太阳”，孩子的要求从不会被拒绝。长此以往，孩子就形成了一种错误的认识：“我”是最好的，谁都不如我。因此当孩子走出家门，面对更广阔的世界时，难以接受别人比自己强的现实。

2. 教育环境影响

家长望子成龙心切，很早就开始进行超越孩子承受能力的教育，使孩子失去了天真烂漫的个性和敞开胸怀接受大自然的机会，缺乏同龄间的嬉戏。再加上万般宠爱集一身，更难以培养出谦让、爱人的优良品质。进入幼儿园或学校这个集体后，成绩至上的学习氛围，使孩子经常放弃课外活动，放弃相互帮助，并引发妒忌、不正当竞争、自卑、自伤等，稍不如意即暴躁易怒，带有强烈的神经质特点。

3. 家长的性格和教养方式对“我”的影响

父母的性格、爱好、习惯对孩子的言传身教作用很大，对孩子的性格起着奠基作用，甚至许多孩子的性格完全是父母性格的翻版。所以，如果父母平时斤斤计较、心胸狭窄的话，那又怎么来要求孩子呢？

（二）让孩子的心胸宽阔起来

父母应当明白，心胸狭窄，不但会影响孩子的人际关系，还会影响孩子的身心健康，因此父母应学会引导孩子，不要让孩子总认为“我行，别人不行！”让孩子的心胸变得更加开阔。

1. 以身作则

父母让孩子学会宽容，首先自己应有宽容的品质。如果父母本身心胸狭窄，无视他人的意见，习惯于将自己的意志强加于人，不给人改错的机会，为一点小事争执不休，为一点小利而斤斤计较，孩子又怎么能学会宽容呢？父母宽容、大度、遇事不斤斤计较，与邻里、同事融洽相处，孩子就会学着父母的样子处理自己与同学之间的关系，也会变得宽容、和善。

2. 增加社交活动

由上可知，孩子心胸狭窄的一个重要原因就是从小和同龄的孩子接触太少，父母处处对孩子忍让，孩子从来不能站在别人的角度考虑问题，完全以自我为中心。因此，父母应多提供机会，让孩子经常与小朋友交往。在交往中学会宽容、体谅他人；提高人际交往能力及社会适应能力，养成良好的性格。

3. 不偏袒孩子

当孩子在交往中遇到矛盾和纠纷时，父母千万不要偏袒自己的孩子，这样做会让孩子错误地认为自己的地位是特殊的，别人都比不上自己，都要让着自己。那么父母在遇到这种事时，该怎么处理呢？请看下面这个故事。

妈妈正在厨房做饭，突然听到楼下传来儿子冬冬的哭声，她赶忙跑下楼去，只见冬冬正坐在地上哭呢。而常和儿子玩的小朋友林林涨红了脸站在一边，眼泪也快要出来了。冬冬看见妈妈来了，马上扑了过去。“妈妈，林林打我！”“是吗？林林，你们为什么不高兴啊？”没等林林开口，冬冬立刻抢着说：“他看我小，欺负我！妈妈你帮我骂他！”妈妈不高兴了，她把冬冬推开：“不许没礼貌！让林林说！”后来妈妈弄清楚了，原来林林用积木盖城堡，冬冬也要抢着玩，林林不让，东东一来气就把盖到一半的城堡踢倒了，两人由此打了起来。妈妈严肃地把冬冬叫过来：“冬冬，为什么玩什么一定要听你的呢？林林的城堡已经盖了一半了，如果你想玩可以帮他一起盖呀！下次不许你再这样霸道，如果林林也把你盖好的积木推倒，你生不生气呢？”冬冬红着脸，一声不吭了。林林走过来说：“阿姨，对不起，我也不该动手打冬冬。冬冬，别生气了，我们一起玩积木吧！”冬冬看了看妈妈，两个孩子开始一起搭城堡了。

这位妈妈把这个小纠纷处理得非常好，她没有不分青红皂白地偏袒自己的孩子，而是一视同仁地处理问题，这样就不会助长孩子以自我为中心的心理。不仅如此，她还借机教育了孩子：“为什么玩什么一定要听你的呢？”这样就会引起孩子的反思，渐渐地孩子就会认识到：小朋友之间都是平等的，不能总是自己说了算。这是一个成功的教育案例，也是对平等计的一次成功运用。

4. 不妨让孩子体验一下心胸狭窄的害处

父母要让孩子认识到，如果一个人总是心胸狭窄，别人就会讨厌你，或不喜欢和你做朋友，而且做错事时也得不到别人的原谅，会被彻底地孤立起来。这样孩子就会认识到，心胸狭窄是一件不好的事，并慢慢地摆脱这种坏习惯，心胸变得开阔起来。

总而言之，父母要帮孩子认识到，不能什么事情都得依着自己，父母、别的小朋友和自己都是平等的，你对别人斤斤计较，别人也会对你斤斤计较，而如果你对别人宽宏大量，那么别人也会还你一个宽宏大量。

让孩子为自己的过失承担责任

要想让孩子在今后的日子里，很好地立足于复杂的社会，担当起重任，那么，就必须从小培养孩子富有责任心的习惯。一个人承担的责任越多越大，证明他的价值就越大。责任心是衡量一个人成熟与否的重要标准。一个缺乏责任心的人，在遇到没有人能为他负责的时候，就去哀叹自己的不幸，抱怨生活的不公。

（一）家长教育误区

孩子没有责任感，都是父母从小没有培养孩子责任心的结果。孩子不会无师自通，父母没有把责任放到孩子肩上，没有对孩子进行责任心教育，孩子没有责任心的实践和历练，就不可能有责任心。

很少有父母能意识到这一点：让孩子为自己所犯下的错误承担责任也是一种处罚。大部分父母往往会这样做：孩子犯下错误后，父母赶快帮孩子弥补过失，事后再处罚孩子。其实这样教育孩子，效果并不会太好。在西方，每个孩子都很清楚地被要求对自己的行为承担责任，如果违反规则就要接受适当的教训。

亚历刚上大学时，爸爸和他约定：每月 3 号给亚历寄 400 美元的生活费。

结果第一次独立生活的亚历用钱既无计划也不节制。三天两头与同学到校园餐馆挥霍，看到喜欢的东西就买。结果第一个月还没过完，亚历的口袋里就只剩下几个钢镚儿叮当响了。

第一个月，爸爸容忍了儿子的无节制做法，提前把第二个月的生活费寄了过来。然而亚历却不知悔改。第二个月、第三个月仍旧早早就把钱挥霍完了。

终于，在离第四个月的收款日还有 14 天的时候，亚历的口袋里又只剩下 27 美元了。万般无奈之下，亚历只好拍了一封电报回家，内容简短明了 :“爸爸，我饿坏了。”爸爸很快回了电报，也非常简短 :“孩子，饿着吧！”

这实在是太奇妙了。在那之后只有 27 美元的 14 天里，亚历绞尽脑汁节衣缩食，出手之前必会细细打算，竟然也把艰难的日子熬过去了。

从此以后，大手大脚的亚历开始精打细算，并且发现，其实只要稍稍节制一下不必要的支出，每月只要 300 美元生活费就足够了。这样一来，每个月亚历甚至可以积攒下一些钱。亚历用这些钱买了许多自己喜欢的书、磁带、唱片，做了一些比如自助旅游、捐款等有意义的事情，当然也没有忘记偶尔和朋友们到餐馆聚聚。

亚历的大学生活比以前过得充实而丰富了。

在这个故事里，爸爸给亚历的处罚是，让他自己承受错误造成的后果，这种处罚手段可以说是纠正孩子错误的良方，比责骂更能给孩子留下深刻印象，因为这种因果教训更能使孩子直观地看到自己的错误。

承担责任是完美人格的重要部分，是一个人激发内在力量的黄金宝藏，特别值得拥有、发展和保护。不少家长随意把孩子弥足珍贵的东西丢弃了，亲手把孩子赖以立身的美好品质毁坏了，对孩子来说，这是多么大的损失啊！

（二）家长替孩子担责的后果

家长越位，替孩子承担责任，对孩子造成的负面影响是多方面的。

1. 父母大包大揽替孩子承担责任，等于纵容孩子惰性滋长，加深孩子依赖思想。孩子会认为："有爸爸、妈妈在，什么事儿我都不用操心。"时间一长，孩子的责任心消失殆尽，从此不愿对任何人、任何事负责任，无论出现什么问题、造成什么后果，都会心安理得把责任推给父母，推给别人。

2. 父母大包大揽替孩子承担责任，孩子会自私成性。他会认为，爸妈生了我就应该伺候我，就应该为我安排好一些，解决一切困难。自私的孩子心中只有自己，不会替别人着想，他认为周围的人都应该围着自己转，都应该适应自己。别人一旦对他照顾不周，他会感到心理不平衡，甚至会认为别人冒犯了他，侵犯了他的利益。

3. 父母大包大揽替孩子承担责任，会使孩子养成等待、拖延的习惯，做什么事都消极被动，没有父母、老师、领导的监督和督促，他无法完成任何事情。一个缺乏责任心的孩子长大进入社会以后，不仅事情做不好，还会排斥别人的督促，觉得自己受到限制，认为别人专门找自己茬儿。这样的人，学习、工作没效率，思想偏激不积极，所以很难取得领导信任和同事尊重，事业上不会有多大成就，裁员却往往少不了他。

（三）培养孩子责任心的方法

基于上述原因，作为父母，我们要下力气培养孩子的责任心，须知"责任存乎心，终生益无穷"。

1. 培育孩子的责任心，应从培养孩子的家庭责任心入手。家庭责任心主要是指能尊重其他家庭成员的权利，自愿承担家庭义务，为自己的行为承担责任。

培养孩子的家庭责任感的根源在于父母是否具有家庭责任感，还在于父母是否给孩子练习的机会。假如你不是一个尽职尽责的父母，怎能对孩子进行责任心的教育呢？在一个父母专制的王国里，很难培养出有家庭责任感的孩子，因为父母对孩子管制得太多，控制得太死，使孩子没有机会就某件事做出负责的行为，孩子做事只是服从，听命于父母的意见。只有民主的家庭，才是家庭责任感生长的最佳环境。责任感是家里一旦需要额外帮助时，孩子能够主动发现并自主地做出反应。孩子受到重视，父母具有威信。要想改变孩子，应从改变自己开始。这是最关键的问题。在家庭生活中父母一定要赋予孩子责任，以便有针对性地进行教育。

2. 要教育孩子学会自我负责。对自己行为的后果负责。要善于抓住生活中的点滴小事，不论事情的结果好坏，只要是孩子的独立行为结果，就要鼓励孩子敢作敢当，不要逃避责任，应勇于承担责任的后果，父母不应替孩子承担一切，以免淡漠孩子的责任感。

3. 要从小为孩子创造机会，让他们在生活中懂得人与人之间需要互相帮助、互相支持。培养孩子关心自己的亲人与家庭事务。

4. 父母还应该鼓励孩子接触社会，使孩子在接触社会中体会到被他人、被社会需要的乐趣。因为“被需要”是人的一种基本心理需求，能够在社会中发挥自己的作用，有助于进一步培养孩子的社会责任感。

最后，再次提醒各位家长朋友，培养孩子责任心的第一课堂，非家庭莫属；培养孩子责任心的第一老师，也非父母莫属。如果你想让孩子成长为一个有责任、有担当、能自律的人，就务必从一点一滴的小事开始培养孩子的责任意识，目标要清，态度要明，方法要科学。一旦孩子的责任心形成了，孩子的诸多教育难题就会迎刃而解，孩子的成长将会步入一条良性发展的轨道。

用行动教会孩子诚信做人

诚信顾名思义诚实守信。诚实就是忠诚老实，不讲假话，不歪曲事实，不隐瞒自己的观点，光明磊落，处事实在。守信就是遵守诺言，讲信誉，重信用，履行自己应承担的义务，从而取得信任。诚和信是一个事物的两个方面，诚是信的基础，信是诚的表现形式。诚实之人行动上必然守信，守信之人在社会上必能赢得别人的信任，在健康社会中这是一个良性循环。

（一）培养孩子诚信品质的意义

为人诚信会使孩子在今后的人际交往中受到别人的欢迎、尊重和信任。每个孩子在属于自己的圈子中总要和别人交往，在交往过程中，具有诚信的品质，往往能使孩子结交更多的朋友，得到更多的帮助，受到更多的关怀，这对孩子的身心健康发展无疑有重要作用。

在家庭教育中注重对孩子诚信品质的培养，能使孩子抵御不良品质的侵袭。当孩子一旦形成诚实的品质后，他们就不会在父母、老师、同学面前或弄虚作假，或当面一套背后一套，或挑拨是非等。因此，培养诚实的品质是使孩子形成优良品质、克服不良品质的重要途径。

诚实对一个人成长发展来讲，再怎么强调也不过分，而对于幼儿来讲，必须从小开始培养。

世界上最早的通讯社——路透社是由保尔·朱利叶斯·路透创办的，可以说他的成功是因为他的诚信。

路透生于德国，十几岁时父亲就去世了，他在其叔父开设的银行帮忙。有一天，银行派他到鼎鼎大名的数学家高斯家中取款。

路透在回到银行仔细清点钱的数目时，发现高斯多给了300马克，这在当时算是一笔不小的数目。

为人诚信的路透急急忙忙地又回到了高斯家，他恭敬地对高斯说："先生，你先前给我的钱的数目错了……"

由于高斯正在忙着一道公式解答，头也没抬地大声说："我是知名的数学家，就这么一点小小的数目，我会算错？况且我已经把钱交给你很久了，你现在还跑来跟我说数目不对……我们早已银货两讫、互不相欠了。"

路透只好说："好吧！既然你这样说，那你多给的300马克我不用还了。"高斯才知自己真的数错了。当然，最后路透还是将多出来的300马克还给了高斯。

正因为路透从小就养成了诚信的习惯，所以他日后能够以诚信为立业之本，从而也成就了一番平凡而伟大的事业。

（二）孩子不诚信，父母有责任

在生活中，许多父母并不重视对孩子诚信个性的培养，而且父母自己本身就在说谎。

"知心姐姐"卢勤常常收到孩子们写给她的信，诉说他们对"说话不算数的父母"的意见。

一个男孩说："我爸说，只要我考试得了100分，星期天就带我去公园玩。我真的考了100分，爸爸却说他没有时间。"

一个女孩说："我妈说，写完作业就让我出去玩。我写完了，妈妈却不让我出去玩了，还让我做练习题。"

如果父母不守信用，一次次"说话不算数"，失去了孩子的信任，也就失去了自己在孩子心目中的威信。父母失信于孩子，会让孩子觉得，一个人说话可以不负责任，答应了的事也可以不办，于是在父母的影响下自己也会养成不守承诺的坏习惯，长大以后就会因为“失信”而失去朋友，更失去大家对他的信任。

作为父母，教孩子诚实的最好办法就是自己能言必信、行必果。说话算数、说到做到的父母，会使孩子重视他们所说的每一句话，从小就学习父母“有令必行”的行事风范，从而养成诚实的习惯。

（三）信任可以培养孩子的诚信

培养孩子的诚信，没有比信任孩子更好的办法了。前苏联伟大的教育家马卡连柯非常注意对孩子的信任，他认为，信任可以培养孩子的诚信。

有一次，马卡连柯派一个曾经是小偷的学生去几十里外取一笔数额不小的钱。这位学生曾经是小偷，在同学的眼中被视为另类，没人与他来往，他非常渴望得到信任。接到马卡连柯的任务后，这位学生简直不敢相信这是真的，他问马卡连柯：“校长，如果我取了钱不回来了，你会怎么办呀？”

马卡连柯平静地回答：“这怎么可能？我相信你是一个诚信的孩子，快去吧！”当这位学生把钱交给马卡连柯的时候，他要求马卡连柯再数一遍。马卡连柯却说：“你数过了就行。”于是，随手把钱扔进了抽屉。

事后，这位学生是这样描述自己的心情的：“当我带着钱回来时，一路上我都在想，要是有人来袭击我，哪怕有十个人，或者更多，我也会像狼一样扑上去，用牙咬他们，撕他们，除非他们把我杀死！”

马卡连柯就是运用信任的方法培养了这位学生的诚信。所以，要孩子诚信，就要信任孩子，把信任交给孩子，这样就会很好地培养孩子的诚信品质。

（四）培养孩子的诚信品质，家长应该注意什么

1. 观察孩子，有的放矢地教育

孩子不诚信的行为一般比较隐蔽，家长如不重视是不易发现的。如有的

孩子偷偷地拿别人或集体的东西，有的孩子说了假话，这些现象未经严密观察就不会被发现，从而错过了教育机会。家长发现孩子有不诚信行为后，应该按照孩子的年龄和心理特点分析其原因，然后采用相应的教育方法。

2. 用诚信的故事引导孩子

给孩子讲名人诚信的故事，教育孩子诚信是做人之本，教孩子做一个守信用、负责任的人。面对社会上的拐骗欺诈行为，家长要立场鲜明地表示反对态度，让孩子辨明是非、美丑。

诚实是做人最起码的道德规范，它既是一种道德品质，也是一种公共义务，还是一个人能在社会生活中安身立命之根本，是为人的最重要的品德。为了让孩子在将来激烈的竞争中立于不败之地，我们应让孩子从小懂得要做一个讲诚信的人。这就必须从孩子小的时候就开始对他们进行诚信教育，让孩子伴随诚信健康成长。

正确地教孩子学会谦让

现如今国内的独生子女越来越多，父母长辈对他们更是疼爱有加，无论孩子提出什么样的要求，都一一答应。时间久了就会造成孩子个人主义。独生子女时代的小孩子个人意识也越来越强，但家长只需要正确引导，才能培养孩子谦让的好品质。每个父母都希望自己的孩子能健康成长，品学兼优，礼貌谦让。但是怎样的孩子才是谦让，什么时候需要谦让，这是关键所在。

（一）家庭教育的误区：

1. 谦让的孩子没有竞争力

有的家长担心，如果孩子总是谦让，就会不懂得去争取，变得懦弱，什么都无所谓，所以不太能把握好孩子该如何谦让。

其实，谦让的品质是孩子融入社会，学会与人相处的表现。

家长要明白，这个社会，没有竞争，就不会进步，个人的生存和发展就会受到制约：但一味盲目地追求竞争而不懂得谦让，那“竞争”就会走进“死胡同”，变成自己的“独角舞”，最终只会引起别人的反感。所以，父母既要让孩子学会竞争，又要学会谦让。只有具备较强的竞争意识又具有谦让的品质的人，才能在群体中，在未来的社会竞争中，团结他人，开创美好的未来。竞争、比拼和谦让、宽容并不矛盾，竞争、比拼的出发点是为了自己，但是要尊重别人的权利，谦让、宽容的出发点是为了别人，但是要维护好自尊。两者结合可以让孩子学习正确处理自己与他人之间的关系。

大凡世间万事，无不是“争则不足，让则有余”。邻里之间、同学之间、路人之间遇到矛盾，即使“有理”，让一让也会海阔天空，谦让是一种胸怀，一种美德，一种风度，一种智慧，更是一种修养。社会需要谦让精神，时代呼唤谦让精神，我们要教育我们的孩子：在为人处世中须学会谦让。

2. 谦让到底

在这里我们需要特别强调一点，谦让固然是好品质，但也不要让孩子毫无原则地谦让，家长无原则地教孩子谦让，就会带给孩子“委屈”和“不公”的感受，甚至由此衍生出错误的思想。比如孩子的玩具被邻居小朋友抢走了，家长不但不帮孩子要回来，反而叫孩子让给别人，还美其名曰“谦让”、“分享”。这就好比你走在大街上被人抢了钱包，你不但不抢回来或者报警，反而将钱包拱手让人，这还是谦让吗？同样的事情发生在成人身上会觉得荒谬，成人却以种种荒谬的理由来要求孩子！家长可能会对孩子说："你比邻居弟弟大，你看他都哭了，你让出来吧。"那么孩子就会认为：年龄小的要让，下次遇到年龄比我大的，我也可以蛮不讲理，抢人东西；别人哭了就要让，以后不管遇到什么事，我都哭，哭就可以得到利……而当孩子做出这些事情的时候，家长们又开始一味地埋怨孩子不讲理，可家长们有没有想过，这些又都是我们暗示给孩子的。

不分青红皂白的谦让会让孩子产生混乱，不利于建立规则，不利于培养孩子辨别是非的能力，还会让孩子觉得不被尊重、不公正，感到委屈和压抑。今天你强迫他谦让，你传递给他的信息就是他也可以强迫别人谦让。

3. 形式化教育

在家庭生活中常出现这样的情况：孩子会把自己喜欢吃的水果给爸爸、妈妈吃，但是家长一般的想法是既然孩子喜欢就不忍心咬下去，家长认为只要孩子明白谦让的道理就可以了，而结果呢，孩子美滋滋地吃着水果，而且得到了夸奖！"谦让"变成了一种形式，并没有实现真正的教育。如果家长把孩子让的水果吃了，孩子内心就会经历一次考验，慢慢明白诚实谦让的道理，并内化为自己习惯的行为方式。

总的来说，谦让的品质我们一定要为孩子培养，但不要教孩子无原则地谦让。下面我们再来说说，培养孩子谦让品质的具体方法。

（二）培养孩子谦让的品格，家长应如何做

1. 要注重言传身教

模仿是孩子的天性，家长应该在日常生活中潜移默化地对孩子施以积极的影响。带孩子坐公共汽车时，家长在车上看见年迈的老人和抱小孩子的妇女，便主动起身让座。这虽然是生活中的小事，但在孩子幼小心灵中进一步增强了尊老爱幼和谦让的意识。

2. 在集体中培养孩子的谦让意识

培养孩子的谦让意识，让孩子了解集体与个人的关系，把自己从

“我”的概念中解脱出来。应该让孩子从小懂得，大家生活在一起，他需要的别人同样也需要，同样有享受的权利，不能一人独占，要想着别人。例如，吃东西时，让孩子学会愉快地把大的、好的给爷爷、奶奶、爸爸、妈妈，把小的、不好的留给自己，使他懂得谁最辛苦谁就应该得到更多，自己不是家庭中的“功臣”。

3. 在孩子争辩发生时给予积极疏导

小孩子们一起玩，很容易出现发生争辩的情况，家长不要太大惊小怪，要利用这个事情来引导孩子用自己的能力去解决，增加彼此的交流、理解和协调。让孩子们从良性的争辩中认识到，一个问题有多种解决方法是一件多么美妙的事情。

4. 运用多种手段、途径培养孩子的谦让品行

通过多种手段和途径，使孩子学会“谦让”语言和动作，促进孩子的谦让行为。孩子年龄小，受知识和生活经验的局限，语言发展不成熟，不能完整地表达谦让的意思，他们常常只知道谦让就是好，但是在什么情况下要让又不明白。所以，父母应先讲明为什么要谦让，对什么样的事要谦让，然后通过游戏、行动等来创造条件，帮助孩子学会谦让。

在我们生活的世界中，资源确实有限，利益冲突难免会发生。你的孩子先坐上了秋千，我的孩子就只能等在冷风中；你的孩子赢了游戏，我的孩子可能就会被老师忽视……凡此种种，牵动着家长们的神经。客观地看，大人们在意的并不是这些孩子间的小冲突和小争夺，而是担心孩子以后会养成默默吃亏的习惯。担心自己的孩子在竞争中落败，这才是大人紧张的根源。但我们仍然需要培养一个懂得谦让的孩子。谦让是人类美好的道德品质之一，是人生前行的一张通行证，是幸福微笑的一包催化剂，是和谐相处的重要条件。谦让往往使孩子与人无争，显得胸怀大度；谦让是打开别人心灵的窗口，能帮助孩子赢得朋友。

04

情绪篇

情商高的孩子从小就受欢迎

不良情绪对孩子的影响很大。不良情绪阻碍孩子的智力活动，影响孩子学习生活的效率；不良情绪会导致孩子人际关系的不佳；不良情绪也会导致孩子对自我的不满，从而影响孩子良好自我意象的形成。因此，培养儿童良好的情绪是父母不容忽视的课题。

让任性的孩子不再任性

任性，是独生子女的通病，主要表现为固执、抗拒、不服从父母管教、不按照父母的要求去做等，或者表面上答应，内心不服，父母不在旁边时，就由着自己的性子来。孩子不听话，父母的要求和愿望难以实现，父母就会对孩子不满，就容易出现不理智的表现：有的会采用打骂的方式对孩子严加管教；有的对孩子放任自流；有的则对孩子的要求妥协，天长日久更助长了孩子的任性行为。

（一）放任任性的危害

任性是幼儿普遍存在的问题。如果我们放任幼儿的任性，将会影响他们的人际交往，因为任性的幼儿很难与同伴友好合作、分享、协商，他们往往随心所欲，很难做出利他（如关心、谦让、助人、同情等）的行为。幼儿任性还会影响成人、同伴对他们的评价，并由此影响他们自我意识的发展。任性的孩子通常借助在地上打滚、不停地哭闹、乱扔东西等行为来表现他们的情绪、要求与脾气。如果这些消极行为经常发生，就会强化他们的不良个性品质。同时，幼儿任性时通常会伴随着烦躁、愤怒的情绪。一次情绪失控对身心影响不大，经常性的情绪失控，就会对健康产生较大的不利影响了。

（二）任性的原因

1. 幼儿自制能力差，易冲动，思维带有片面性及刻板性，因此容易任性而为。父母不了解孩子的心理，不分青红皂白地用训斥、打骂等方式，企图杜绝孩子的一切“不合理要求”，反而导致孩子产生逆反心理，以对抗来回应父母的粗暴。

2. 隔代喂养。祖辈溺爱孙子、孙女，这在中国很常见。尽管很多父母都意识到了这个问题，但由于双方都得上班，又信不过小保姆，因此只能把隔代喂养进行到底。

3. 家长的教养方式不当。孩子任性时爸爸、妈妈的态度如何，家长是否注意孩子日常行为规范的养成等，这都关系到孩子是否养成任性的毛病。在中国，很多父母把孩子当成家庭的中心，孩子想怎么着就怎么着，随心所欲，缺乏起码的行为规范和自我约束意识。还有的家长对孩子在知识方面要求严格，而在个性品质、行为习惯、社会适应性等方面没有要求，孩子想干什么就干什么。这样的教养方式必然会造成幼儿的消极创造性行为。

（三）不要把孩子的任性当个性

所谓“有个性”，是指有自己的主见，在碰到问题时，能坚持自己的正确观点与合理行为，不违心屈从，不随风摇摆。个性表现的方面很多：有善良、勇敢、诚实、守信等。任性虽然也表现为坚持自己的想法与行为，却是无理取闹，所坚持的不是合理的观点和行为。

生活中有些父母容易混淆两者的概念，把任性误解为个性，孩子不守纪律，不讲道理，还觉得高兴，认为孩子有个性，加以肯定，乃至给予赞美。这样会使得孩子在个性与任性中陷入迷茫，分不清是与非，在学校和家中，全由着性子来，有了缺点，父母讲不得，老师说不得，稍受一点委屈，就接受不了。

把任性当个性，在很大程度上是父母溺爱的结果，过分宠爱孩子，对孩子的过分顽皮、无理要求加以怂恿，生怕孩子受到委屈；或是以不正常的心态看孩子，把孩子的缺点也看成是优点，孩子越是任性，就越是感到得意，觉得孩子有个性、有出息。溺爱和不良的心态，对孩子的健康成长与今后做人都会产生一定误导。

未成年孩子由于思想的不成熟性，对很多事物难以辨别，分不清是非。但作为父母还是应当多加教育、引导，让孩子从小养成良好的性格与习惯，将来才能适应社会发展。

（四）让任性的孩子不再任性

1. 不为所动法

当孩子提出不合理要求以至哭闹撒泼时，不要急着去哄去抱，让他把所有“本事”都使出来，当他明白“小脾气”不管用时，他自然会罢休，这时再说理教育不迟。

2. 磨炼法

父母适当减少对孩子的呵护，为孩子提供磨炼的机会，让孩子自己去克服困难，锻炼意志，增强独立意识，从而懂得关心、爱护、帮助别人，养成良好的习惯。

3. 循循善诱法

孩子的任性行为中有时蕴藏着积极的因素，如三岁的孩子非要亲手为父母打伞遮雨，父母应对此“闪光点”加以诱导，既讲清后果，又表示感谢，这样既不伤孩子的自尊心，又避免了孩子的任性行为。

4. 转移兴趣法

当孩子任性起来，非要这要那时，利用当时的情景特点，设法把他的注意力、兴奋点转移到别的事物上去，使他忘却那些不合理的要求。当然，这是需要有一点耐心的。

5. 激将法

利用孩子自尊心和好胜心强的特点，机智地“将”他一军。比如当孩子有无理要求时，成人可以对孩子说“你扫地不如妈妈扫得干净，不信就试试”之类。孩子自然跃跃欲试。事情做好了，再夸奖一番。这样既使孩子不再任性，又能使其产生满足感，激发他的上进心。

想要改变孩子任性的性格，父母首先要做到的便是改掉溺爱孩子的习惯，所以，第一步就要给孩子定出一个界限，让孩子能够接受你说“不”的时候。

6. 鼓励法

父母在改变孩子的任性时，还要注意多给予孩子表扬。但在表扬孩子时，请遵守这个黄金规则，即表扬不能太少，但也不能太多。

7. 惩罚法

必要时，来点“惩罚”，比如，对他的哭闹，谁也不理睬，即使他不哭不闹了也要“冷淡”他一段时间，待他沉不住气主动搭讪着接近大人时，抓住这个时机，严肃地向他讲清不满足他无理要求的原因，指出他任性不对，让他保证再不这样做。只有这个时候，批评才是有效的。

耐心疏导化解孩子的逆反

孩子进入青春期后，往往会产生一种逆反心理，喜欢和家长对着干。而一些原本乖巧的孩子也变得不听话起来，让家长头疼不已。对于这种情况，家长应该认识到，如果对孩子的逆反心理与逆反行为听之任之，很可能会使孩子形成病态人格，但如果对其粗暴制止或强行压制，就会加剧孩子的逆反，将他们推向另一个极端。

李楠今年 14 岁，从小就很聪明，也很听爸妈的话，可近来变化较大，凡事总爱与父母顶嘴，自作主张，有时还偏要同父母“对着干”。例如，小学毕业后，家长为李楠选择了就近的一所重点中学作为报考志愿，而李楠偏挑选了一所离家较远的中学。她不是喜欢路远，而是有意与家长闹别扭。李楠有鼻炎，家长配来滴鼻药水，她却有意把瓶摔了；家长问考试成绩，她故意说不及格；家长平时工作忙，找机会想跟李楠聊聊，她却把家长拒之门外……家长十分焦急，不明白李楠为什么突然这么不听话，家长不知该如何是好。

（一）逆反心理的成因

1. 生理因素

孩子进入青春期以后，由于身体成长加速，生理迅速成熟，使孩子自认为自己已经成人了。但事实上，他们在知识、经验、能力等方面并未真正成熟起来，尚处于半成熟状态。这就造成“成人感”与“半成人”现状之间的矛盾，这种矛盾是逆反心理的主要成因。

2. 心理因素

由于自我意识的飞跃发展，使他们在心理上极度渴望摆脱父母的束缚，要以独立人格出现。

3. 社会因素

孩子进入中学以后，学校环境和教学的要求都发生了很大变化，这种更高的要求，就势必激励他们产生“长大成人”的责任感。另外，这个年龄段的孩子非常注意自主的人格，当自主性被忽视或受到阻碍，人格伸展受阻时，就会引起反抗。

对于孩子的逆反心理，家长首先应该了解他们身心成长发育的特点，要以理解的态度，帮助他们顺利度过逆反心理期。然而事实上，很多家长在这方面做的并不好。

（二）粗暴压制——家庭教育的误区

挨打可能是每个人童年时期不可或缺的调味剂。可是，一旦遇到了简单粗暴型的父母，挨打就成了孩子的家常便饭，叛逆期的孩子就更是不在话下了。但事实上，对于处于叛逆期的孩子，父母如果一味打压的话，只会引来他们更加无理的反抗。最后，不但解决不了孩子的问题，反而让你和孩子的关系不断恶化。

陆伟是个 15 岁的孩子，是家中的独生子，是父母头痛的根源。据妈妈说陆伟在上中学以前原本是个不错的孩子，学习不错，是体育委员，老师还说陆伟脑瓜灵，是考重点大学的苗子。可现在整个儿就是一个小混混儿：头发染得五颜六色，抽烟，逃课，甚至还交了一个女朋友，父母痛心极了，就算是青春叛逆期吧，可自己也没少管孩子，骂也骂了，打也打了，怎么还越管倒越糟了？后来陆伟的妈妈带着陆伟去看心理医生，在心理医生的引导下，陆伟终于说出了自己的心里话："也不知道为什么，反正上中学后，我就觉得很烦躁，看什么都不顺眼！偏偏爸妈还把我管得更严了，处处限制我，我又不是小孩了，有些事情我讨厌他们管我。可他们却骂我学坏了，我都这么大了，他们甚至还动手打我，不让我交女朋友，不让我和不三不四的人来往，让我好好学习……我才不听他们的呢！他们让我怎么干，我偏反着来。"说到这里，陆伟甚至得意地笑了笑，"好了，现在我变成坏孩子了，让他们再管我，再骂我，再打我！"

美国 20 世纪 60 年代嬉皮运动的口号之一是："如果吃药违法，我们早就吃了。"这句口号反映出了逆反期孩子的一种典型心态：和一切正统的东西对着干！而这一时期的孩子最反感的就是父母粗暴的压制，他们甚至会为了反抗父母的压制，故意走上邪路，就像上个故事中的陆伟一样。

青少年时期，孩子的身心都在发生着变化，所以，父母的教育方式也需要改变。父母在教育孩子时，应摒弃唠叨、打骂等简单粗暴的方式，而应以积极的方式进行引导。家长只有耐心疏导，才能解开孩子心中的“疙瘩”，消除孩子的逆反心理。

（三）疏导逆反心理的几个关键的方法和技巧

1. 平和地探讨，切忌粗暴

当父母面对反抗、叛逆的孩子时，方式应该是循序渐进，目标应该是：竭尽所能地使用更为温暖、平和，以及尊重的态度与孩子相处；以自己的弹性去应对孩子的缺乏弹性。

2. 倾听孩子的心声

在与孩子交流沟通中，家长不仅要认真地听，而且要会听。认真地听是指抛开教导模式，把主动权让给孩子，引导孩子自己说。会听是指家长要善于从孩子的角度看问题，冷静地思考，把握问题的症结。

3. 现身说法拉近距离

家长可以在孩子跟前承认自己也曾有过偏执、怨恨或古怪的言行，有意识地自我表露，这样可以拉近与孩子的心理距离。当孩子觉得自己不能被人理解时，家长可以适当地透露自己也曾有过类似的感受或体验。这样有助于有逆反心理的孩子解除心理防线，共同找到解决问题的办法。

4. 放下架子，平等沟通

许多时候，父母要站在第三者的立场分析孩子叛逆的原因。

许多父母总觉得自己是对的，孩子应该听父母的。但是，孩子有自己的思维方式和处理问题的方式，所以父母应该放下架子，耐心听一听孩子的想法，从感情上、从具体事件上与孩子达成一致，做一些适当的让步。

总而言之，面对孩子的逆反，家长既不可过度压抑，也不可以放任不管，而应抓住孩子逆反的根源，耐心疏导，循循善诱，竭尽全力把孩子引导到正确的人生道路上来。

软化孩子的“牛脾气”

牛脾气的孩子时常让人觉得难以管理、无法沟通。孩子有时脾气倔强、犯拧、不听劝、不驯服，实际上是孩子性格犟的表现，有时是因为自己心里已有了主意，与父母的意志发生违背，坚持自己的意愿造成的。这种情绪上的变化反映了他们认识上的不足，如果父母处理不当，极易导致孩子各种心理障碍。

小舒脾气比较倔强，平时总是喜欢和父母、老师对着干，似乎就想和他们宣布：“我可不要听你们的话，我要做我自己，你说叫我往东，我偏往西。”面对小舒的这种性格，爸爸、妈妈倒是真的有点束手无策了。

这天，学校要举行数学竞赛，老师希望小舒也能参加比赛，因为，小舒的数学天赋很高，可是，小舒心想：“为什么你叫我去，我就一定得去呢？我学习数学，爱好数学，可不是为了去参加什么比赛。这么‘功利’的比赛，我才不去呢！”就这样，小舒回绝了老师的要求，推辞说自己现场发挥不好，希望老师另外找人。老师无奈，也不能逼着学生去呀，于是给小舒家里去了电话。

小舒回到家里，妈妈问道：“你怎么不去参加数学竞赛呢？很多人想去，老师还不愿意呢。”

小舒说：“我的性格就是不喜欢接受别人的安排，再说，我可不想参加什么比赛。”

妈妈摇摇头，无可奈何地说道：“唉！看看你的‘牛脾气’，到底什么时候才能改呀！”

故事里面的小舒真的是有点“牛脾气”，这是处于青春期的孩子比较常见的性格特征。面对“牛脾气”的孩子，父母无奈地叹息是没有用的，而应该找出孩子“犟”的原因，并着手解决。

（一）孩子犯拧的常见原因

1. 孩子犯拧不听大人的劝说，很多时候是因为有了自己的主见，又与父母的想法不一致，但不肯妥协坚持己见造成的。

2. 有的父母太过顺从孩子，因而养成他们任性妄为的性格，只要稍有不顺就开始发作自己的牛脾气了，这显然是后天父母娇惯导致的。

3. 也有先天因素的影响，有的父母属于控制欲望很强的人，所以对孩子的操控欲也很强，自然就会造成孩子反抗，犯倔的时候。

4. 还有一种，就是父母平时对孩子过多地干涉，面面俱到、絮絮叨叨，令孩子感到完全没有了自我，为了彰显自我，他们开始顶嘴，明知不可为而为之，这时父母就会觉得孩子难以管理，无法无天了。

5. 此外，“牛脾气”的产生也可能源于孩子的不良情绪。父母的体贴能够使孩子感到安全，有助于孩子产生良好情绪的体验。定时的饮食，适当的睡眠，也有助于孩子形成稳定平和的良好情绪。

由此可见，孩子的“牛脾气”主要是因为有时候没能和父母做好沟通。所以，在生活中，父母要尽可能地和孩子交流谈心，了解他们的所思所想，不要只根据自己的想法来要求孩子，也不要用命令式的语言强迫孩子顺从自己的意愿，这样很容易引起孩子的反抗情绪，“牛脾气”自然也就形成了。

（二）做好沟通，化解孩子的牛脾气

1. 平等对话，安抚心灵

面对孩子的小牛脾气，爸爸、妈妈首先应将孩子作为一个独立的个体进行平等地对话，尽量去了解孩子想要表达的需求，孩子发脾气时最需要的是得到他人的理解和包容。爸爸、妈妈应该先安抚孩子的心灵，让他冷静下来，然后应该和孩子沟通，了解和满足孩子合理的需求，对孩子不合理的需求要说明不予满足的理由，最后应该明确地告诉孩子他的这种反应方式不受欢迎。

2. 事先沟通，给予缓冲

年龄比较小的孩子往往只知道自己想做什么、不想做什么，对于大人的要求，他们往往不太理解，因此也并不配合。父母应该多和孩子沟通，让他明白“为什么要这样做”、“为什么不可以那样做”，孩子自己明白了，才能渐渐改变倔强的脾气。而且，父母应该给孩子一个心理缓冲，想让孩子做什么事，事先和孩子沟通好，比如，孩子在外面玩得不亦乐乎，不想回家，父母可以提前和他商量：“你可以再玩一会儿，但六点我们就要回家了。”这样一来，孩子就比较容易接受了。

3. 给予尊重，允许自主

有些孩子犯拧，是因为他们有自己的想法和主张，比如想自己决定衣物、用品的款式，自己选择去哪儿玩或学不学舞蹈。这说明孩子很有主见，有强烈的自我意识和个人意志，在对待这样的事情上，父母不必说一不二，应以尊重为主，建议为辅，尽量让孩子自己决定。如果父母担心孩子太小无法做出正确的选择，可给孩子多一些的机会，让他体验选择的结果，这对培养孩子的判断能力和承受能力都是有裨益的。

4. 冷淡处理，化解情绪

如果一时间无法满足孩子的要求，不能平息孩子的情绪，爸爸妈妈可以采取置之不理，转移注意力，和隔离政策等方法，让孩子自我调整。

面对孩子的“牛脾气”，父母既不能放任其发展，也不可简单粗暴对待，抹杀了孩子正在成长的独立意识信号。因此，父母应慎重再慎重，多想办法与孩子沟通思想与感情，做到既是孩子的父母，又是他们的朋友，绝不能简单地压制。要利用孩子的反抗与服从、自主与依赖的矛盾心理，因势利导，让孩子顺利度过“反抗期”，这对他们的心理健康及成长都大有益处。

别让孩子变成“暴力儿童”

一项心理调查显示：现在孩子越来越多地有暴力倾向。7 ~ 13 岁之间的孩子，23.9%承认自己有通过暴力解决问题的想法。这是一个令人触目惊心的数字，父母们必须明白，孩子暴力习惯的危害，及早通过训诫的手段纠正这种不文明的行为。那么什么是儿童暴力呢?

（一）儿童暴力的表现：

儿童暴力一般表现为两类：

轻者为语言暴力，言语中表现出暴力倾向。动辄出言“宰了你，做掉你”等。又如日常生活中一些孩子玩着玩着，突然猛叫一声，吓得周围人一哆嗦，而他（她）自己却若无其事。此类言行也是儿童语言暴力的典型表现。

另一类较为严重的则表现在儿童行动上，轻度的则是动手动脚加于别人。重者则是用暴力器械伤人，危害性极大，实在令人为之深忧。而据相关部门抽查，目前我国城市儿童三成以上有暴力倾向，稍不注意，就会诱发暴力事件。家庭、学校、社会确应给予高度重视。

（二）孩子为什么会有暴力倾向？

造成孩子有暴力倾向的因素来自多方面，但最主要还是来自家庭、社会。

1. 家庭因素

不良的家庭环境、不正确的家庭教育方式（棍棒式的强制或温柔的强制），对学生健康发展会产生极大影响。青少年在家庭中得不到理解、尊重和关爱，会产生压抑、焦虑和偏执心理，透过“有色眼镜”观察周围的一切事物，形成“攻击型人格”。他们往往通过欺凌弱小来释放压抑，获取一种心理上的平衡。

2. 社会因素

社会因素也是校园暴力发生的一个不容忽视的因素。违法经营的文化娱乐场所产生的负面影响；大众传播媒体中某些不良的误导；经济浪潮冲击下的西方腐朽价值观、人生观的腐蚀，这些对青少年的身心健康能产生极大的危害。

有这样一个男孩：他是一个聪明的孩子，成绩优异、家境优越，父母对他宠爱有加。可他却在 13 岁那年，用刀捅伤了同学，进了少年劳教所。后来，他对发生在自己身上的悲剧做了反思：“从小到大，爸爸、妈妈给我的教育就是：只要学习好，犯了什么错都不是错，父母都不会责怪我。因此，我变得很任性。可能是任性造成了我的一种霸气，我的个头在班上最高，成绩也好，同学们都很服我。上中学时，爸爸、妈妈告诉我要我学习好，然后就是在外不要吃亏，不要被别人欺负。如果我吃了亏，被别人欺负了，他们肯定会认为我窝囊，没有用。记得我小时候，有一次我带了玩具飞机去幼儿园，小朋友们抢着玩，有一个小朋友玩着玩着居然不给我了。我急了，夺过飞机就朝他脑袋上刺去，把他的头刺出了血。家里赔了人家钱，我很害怕，以为回家要被处罚。哪知道，爸爸、妈妈并没有责备我。我读小学四年级时打了同学，同学父母找到我家里来，我爸爸向人家赔了不是。送走了人家后，他对我说，‘看这小子，懂得教训别人了。’妈妈告诉了我道理，她说，只要不被别人欺负，怎么做都行。当我去中学读书时，她对我说，现在的孩子都很霸气，你要是不让别人怕你，你就会被别人欺负。现在回过头来想想，我觉得父母对我的这些教育是不正确的，我在学校的打人习惯正是父母错误教育引导的结果。”

这个悲剧也引起了很多父母的反思，于是他们纷纷严厉管教孩子，纠正孩子爱打人的习惯。但是父母虽然有这个良好心愿，但往往不知道怎样教育孩子，因而往往产生反效果。

（三）家庭教育的误区

天恩是个七岁的孩子，刚刚上小学一年级，不过半年来，他已经给父母惹了一大堆麻烦，为什么呢？就因为他爱打人！上学才三天，就把一个小女孩的膝盖踢破了，后来又把同学的头打破了，再后来还划伤了同学的胳膊……为了这些事，爸爸、妈妈骂过他，打过他屁股，可他还是一犯再犯。有一天，父子正在看电视，电话响了，爸爸接完电话怒气冲冲地拉过天恩就是两巴掌，天恩委屈地大哭大叫，爸爸更生气了：“说过一百遍了，不许打人，你还敢再犯，今天打死你算了！”爸爸又打了下去，这一次，天恩竟然挣扎着用小拳头打爸爸，这让爸爸更生气了：“真是太过分了，竟然打爸爸！”结果那天，爸爸狠狠地打了天恩一顿后，把孩子丢回房间去“反省”。天恩一个人在地上哭得稀里哗啦，不明白为什么爸爸可以打他，他就不能打人，最后他得出了一个结论，那就是他不能再打同学，只能打比自己小的孩子。

这是很可悲的，爸爸的“教育”只换来了一个消极结果。这都是因为教育方式不当造成的，如果父母能用训诫的方法教育孩子，那么效果一定会好得多。

（四）训诫——让“小霸王”改过自新

训诫是一种正面教育方式，训诫并非单纯地责备，更不是一棍子打死，而是综合运用比较、劝勉、激励、警告等多种形式，软硬兼施地达到教育目的。

采用这种方法大体上分为五步：

1. 指出错误，点明其危害

比如在上面这个故事中，爸爸就不应该抓过孩子就打，而应该先让孩子知道自己犯了怎样的错误，要指出打人是一种野蛮行为，是为人所不齿的，没有人会和打人的孩子玩，再这样下去，他就会失去所有的朋友。

2. 分析

如果孩子之间发生了冲突，父母一定要保持冷静，不要立即大声呵斥孩子，让他停止争吵，更不能因为害怕自己的孩子吃亏而护着孩子。应该让孩子自己说清楚发生冲突的原因，然后让他自己提出解决冲突的方法，或者为孩子提一些解决冲突的建议。

3. 说理

比如，当孩子在玩自己心爱的玩具的时候，别的孩子可能过去抢他的玩具，孩子急了就会打人。这时候，父母应该教育孩子对抢他玩具的小朋友说：“这是我的玩具，让我先玩一会儿，等会儿我再给你玩。”或者让孩子友好地与其他小朋友共同玩。

4. 对比

父母应当让孩子意识到，打人是一种让人多么不能容忍的行为。在孩子打了人后，就用对比法给他分析问题。例如：“孩子，如果有人打破了你的头，让你流血了，那妈妈一定会非常伤心，非常难过，因为妈妈爱你，希望你永远平安。其他的小朋友也有妈妈，他们的妈妈也爱他们，你打伤了那些孩子，他们的妈妈该有多难过啊！”这种对比可以让孩子深刻认识到自己的错误，反省自己的做法。

5. 警告

父母应该告诫孩子不要用武力解决和小朋友之间的冲突。父母绝对不会原谅他的打人行为，如果孩子再犯这种错误，就将受到严厉的惩罚。

另外需要重点提醒的是，家长是孩子模仿的对象，如果家长经常用暴力解决家庭教育中出现的问题，孩子就容易在排遣自己的不良情绪时采取暴力。所以，对于有轻微暴力倾向的孩子，家长更不可“以暴制暴”。不要在烦躁的时候处理孩子的问题，待自己冷静下来，理智的时候，再和孩子沟通，向孩子示范如何控制自己的情绪。告诉孩子，如果对伙伴感到生气了，要清楚地告诉对方，他做了什么使你生气，而不是用暴力解决。要学会用时间来淡化冲突，或者在怒气上升的时候做些其他事情来转移自己的情绪。

让坏脾气的孩子脾气好起来

有些孩子发起脾气来很难缠，他们会尖叫，会在地上打滚，会大哭大闹，甚至摔东西、骂人、踢打……这些行为让爸爸妈妈手足无措、头疼不已。

有一个孩子叫明明，才两岁半，原来是有名的乖乖，聪明、漂亮。可是自从带她长大的阿姨离开后，明明就像变成了另外一个人，常常无端地发脾气，无端哭闹，谁对她也没有好办法。以前的乖宝宝变成了一个暴戾的小公主。爸爸妈妈对此很着急，急忙带着孩子去了心理咨询中心。

检查结果表明，明明精神上没有什么问题，只是朝夕相处的阿姨离开了，她失去了心理上的伙伴，破坏了孩子心理上和生活上的平衡。孩子由于缺少了阿姨的关注和照顾，在呵护和娇惯中形成的情感依赖产生了动摇，因此产生了强烈的分离焦虑情绪。她的种种行为就是对焦躁不安情绪的发泄。也就是说，明明是在寻求新的心理依赖。

这是对明明这个具体病例的诊断所得出的结论。心理学研究认为，不仅如此，明明的这种行为表现与这个年龄幼儿心理发展的特点关系密切。

心理学上认为，孩子 2 ~ 4 岁是人生的第一个反抗期。这个时期的孩子开始有了“我”的意识，感觉到了自己与别人的不同。因此，他们产生了按自己意愿行事的心理需求。这种心理需求的主要表现就是以心情急躁、不听话、反感别人、反对别人的限制和干涉等逆反心理为主要特征的。

至于明明的行为举止，她的一些过激表现，与家庭教养的娇生惯养、过分迁就和放纵有很大关系。

我们还常常会看到，有的孩子由于父母没有满足他的欲望就大声哭闹。比如在地上打滚，撕扯自己的头发、衣服，或抱着父母的腿不走。心理学上把这些行为称为暴怒发作。处于暴怒发作中的孩子往往不听劝阻，除非父母满足他们的要求，否则就会僵持下去。有时即使父母满足了他们的希望，他们也会不依不饶。

孩子的暴怒发作不仅严重损伤本人的情绪和生理状态，也常常使父母狼狈不堪，许多父母对此都感到很棘手。那么，父母该如何应对宝宝的乱发脾气呢？首先，我们应该了解孩子发脾气的原因。

（一）为什么孩子脾气那么差

1. 随着年龄的增长，孩子慢慢地开始萌生了“独立”的愿望，开始有自己做主的意识，对父母的事事包办代替开始有不满和反抗。但是，他们还讲不清楚自己的愿望和道理，心里很容易着急，所以便常常“发脾气”了。这时，如果孩子希望自己独立去完成一件事，而父母还是习惯包办代替，孩子又急于表现自己，就会因感到委屈而用哭闹的方式来进行反抗了。

2. 父母向孩子提出要求，叫他做什么或叫他不做什么，孩子不愿意接受，而父母还是坚持要孩子这样去做，于是孩子就靠发脾气来进行抗拒。有时孩子向父母提出要求，而又得不到父母的许可，孩子就用哭闹或发脾气的方法来要求父母满足他们的要求。

应该明白，如果父母不管青红皂白，孩子要什么就给什么，这自然是不行的。同时，孩子要这要那，父母认为不该答应孩子的要求，孩子就又哭又闹，于是父母就答应了，这也是不行的。如果孩子哭闹父母就答应了孩子的要求，就等于告诉孩子，只要大哭大闹，父母就会将就自己。

3. 有的孩子之所以用哭闹甚至躺在地上打滚的方法来“要挟”父母，其实根源还是在父母那里。所以，一哭一闹父母就满足孩子的要求绝不是一个好办法。

要克服孩子爱发脾气的毛病，最好的办法就是防患于未然，尽量不要给孩子提供发脾气的机会，更不要形成父母与孩子互相较劲的尴尬局面。

（二）让孩子的脾气好起来

1. 父母要民主

父母应该成为宽厚仁慈的、具有“民主作风”的父母，而不要做一个专横武断的父母。父母不应该把自己的意志强加给孩子，不要强迫孩子做这做那。如果要求孩子做什么事情，父母应该向孩子讲清楚道理。不许孩子做的事情，也应该给孩子说明原因。如果孩子有什么事情要向父母说明，父母要认真地倾听孩子所说的话，不要因为孩子小就爱理不理的。父母认真地听孩子讲话，孩子就感到一种安慰。给孩子安慰，一般来说，他就不会发脾气了。有的孩子个性强一些，如果父母对他比较尊重，那么他即使闹起来也不至于形成和父母“顶牛”、“较劲”的局面。

2. 与孩子一起制作“制怒清单”

当孩子开始发怒的时候，有很多方式可以帮助其“熄火”。家长可以与孩子一起讨论并列出“制怒清单”。比如，出门散散步、想想非常安静的公园、快跑、听音乐、击打枕头、投篮、画画、找人聊天或者唱歌等。一旦孩子找到某种正当的发泄怒气的方式，要给孩子鼓励。

3. 教孩子制怒技巧

帮助孩子消除愤怒，平静情绪的最有效技巧之一是“3+10”制怒法。家长可以与孩子一道练习：感觉情绪快失控的时候，先做三次深呼吸，然后，在心中默数十下，从 1 数到 10。做法虽简单，效果很明显。

4. 学会“冷处理”

父母可以采用“冷处理”的方法来对待发脾气的孩子。有时候，无论父母怎样做，孩子还是难免不发脾气。遇到这种情况，父母可以采取“冷处理”或者“转移注意力”的方法来摆脱尴尬的局面或化解“尖锐”的矛盾。“冷处理”方法的关键是父母要保持沉默，对大发脾气的孩子暂时不予理睬。等到孩子冷静下来后再去和他沟通。“转移注意力”就是用其他事情去吸引孩子的注意力，避免在某一件事情上与孩子形成对立。

（三）爸妈不该做的事儿

1. 轻易放弃。这样容易使孩子认为，他想要什么，只要不停地吵闹便会得到什么。

2. 细语请求。这样容易使孩子觉得自己是有力的一方，从此脾气会越来越大。

3. 取笑孩子或是过分责备。这样做往往会使孩子的自尊受到伤害。

4. 威胁。千万不要说诸如“如果你再哭，妈妈就要……”之类的话，这样可能会使孩子感到沮丧，使他变得倔强。

总而言之，在孩子发脾气时，父母尽量不与孩子顶牛和较劲，并不仅是一种权宜之计，还可以教给孩子一种待人处世的技巧。如果父母经常这样对待孩子，久而久之，潜移默化，孩子也学会使用这种方法了，将来就会用到他们自己的生活和工作中去。

别让孩子疑心过重

生活中我们也常会碰到一些猜疑心很重的人，他们总觉得别人在背后说自己的坏话，或对自己使坏。喜欢猜疑的人，会特别留意他人对自己的态度，别人脱口而出的一句话很可能让他们琢磨几天，努力挖掘其中的“潜台词”。这样便不能轻松、自然地与人交往，久而久之不仅憋坏了自己的心情，也影响到人际关系。

（一）孩子疑心重的危害

有些孩子疑心也很重。老师让他回答问题的次数少了，他就猜想老师可能不喜欢自己了；朋友没有看到他，他就认为朋友肯定对他有意见了……孩子被这些莫须有的东西困扰着，天天精神紧张、情绪低落。如果孩子对什么都持怀疑的态度，并且为自己的怀疑去搜集各种“证据”，这样不但影响孩子的学习成绩，还会给孩子带来心理上的疾病。

16 岁应该是朝气蓬勃的年纪，可 16 岁的贝贝却与别人不一样，家人发现他近两个月变得很奇怪，很多疑，只是家人都认为贝贝正处于青春期，应该没什么事，可三个月过去了，贝贝的反常表现不但没好转，还越来越多疑，老是担心吃的饭里有人下毒，觉得别人在背后骂自己，有人跟踪自己等。这样多疑的症状让贝贝的家人也痛苦不已。

贝贝从小品学兼优，在家人眼里是个努力上进的好孩子，16 岁时，以优异的成绩考上了市里的重点高中，刚上高一，却出现这样的情况，家人很担心，将贝贝送到了医院接受治疗。贝贝入院后，主治医生对他进行了查体，经过医生仔细检查和询问病史，诊断为：精神分裂症。

猜疑是孩子心底的“暗鬼”，猜疑是良好人际关系的“腐蚀剂”，是人与人之间的“离心机”。孩子若有了猜疑之心，家长必须尽早帮助孩子走出误区，避免遭受猜疑带来的危害。

（二）疑心重的原因

猜疑是毫无根据地对一些自己并未完全了解的事情进行各种设想、猜测、主观加工，并对自己的“内心假定”信以为真。为什么会有猜疑心理呢？可以说，这也是人的一种本能。人类为了生存要抵制来自各方面的威胁，猜疑是人类为保护自己而做出的本能防御，从这个层面上讲，每个人都有可能在某些时候产生猜疑心理，如果程度较轻，现实感和自我功能都很好，就不会对生活造成很大的影响……然而，猜疑过度就是不自信、自卑的表现了，是防御心理的过度。这样的猜疑往往是对自己不利的、消极的。

（三）让孩子的疑心转为安心

对于孩子产生猜疑心理，家长也有不可推卸的责任。要想让孩子摆脱猜疑心理，首先应当从父母做起：

1. 父母应培养孩子“责己严，待人宽”的性格

猜疑心重的人，大多对自己要求不高，对别人倒多少有些苛求。如果对别人的要求不那么高，就不会把别人的言行变化看得那么严重，许多无端猜疑就从根本上失去了产生的基础。另一方面，对别人的苛求往往也同对自己的迁就形影相随，倘若对自己要求很严格，就不会无端猜疑别人是否做了不利于自己的事，讲了不利于自己的话，决不会在心里疑神疑鬼，

自寻烦恼。

2. 要教育孩子用理智力量克制冲动情绪的发生

当孩子发现自己开始怀疑别人时，应当立即寻找产生怀疑的原因，“换个角度想想”，在没有形成循环思维之前，用正反两个方面的信息思考，冷静思索有助于看清问题。

3. 让孩子学会开诚布公地交流，倾诉心中的疑惑

每个人的心情不可能始终快乐，哪天碰到不顺心之事，可能就会很少说话，或者不搭理别人。此时猜疑可能就会随之产生。父母要让孩子学会不把自己的猜疑埋藏在心底，不去进行假想臆断，而是去与被猜疑者进行开诚布公的交流沟通。只有孩子诚恳地说出自己的疑惑，与被猜疑者推心置腹地深谈一次，才会弄清楚事实的真相，才能够冰释前嫌，孩子心里疑虑消除的同时，友谊也会重新建立起来。

4. 父母要让孩子看到自己的长处，培养起自信心

相信自己会与周围人处理好人际关系，会给别人留下良好的印象。这样，当孩子充满信心地进行工作和生活时，就不用担心自己的行为，也不会随便怀疑别人是否会挑剔、为难自己了。

5. 要公平对待孩子，不偏心

值得一提的是，如果是多孩家庭，父母一定要一碗水端平，不要让孩子觉得父母有偏心。买礼物可以不同，但须人人有份；有好吃好玩的，要尽量公平分配。

总而言之，父母要让孩子知道，一个人在生活中，遭到别人的议论和流言，与他人产生误会，没有什么值得大惊小怪的。如果觉得别人怀疑自己，应当安慰自己不必为别人的闲言碎语所纠缠，不要在意别人的议论，这样不仅解脱了自己，而且还取得了一次小小的精神胜利，产生的怀疑自然就烟消云散了。

积极转化孩子的忌妒心理

每个孩子或多或少都会有忌妒心，忌妒心表现在孩子身上是非常自然的，但如果家长对孩子的忌妒心理不及时控制、转化，那么这种忌妒情绪就会越来越强，直到影响孩子的人格发展。

（一）忌妒心过重对于孩子的危害

忌妒心是孩子学习与生活中的蛀虫，是破坏孩子之间友谊与团结的腐蚀剂，其危害性甚大。

1. 它不利于学习进步，对人对己都是不利的

本来在学校中刻苦学习、勇于冒尖、敢当先进，这都是孩子的一种优良心理品质，但由于那些嫉贤妒能的人视他们为眼中钉、肉中刺，百般挑剔、极力贬低，使得一些孩子不敢在学校集体中冒尖。

2. 它破坏人际关系，影响团结，削弱班级集体的凝聚力

一个人深切地忌妒他人时，可能不择手段地散布流言，恶语伤人，挑拨离间，打击报复，互相倾轧，恶化关系。

有一位叫张元的同学，成绩常排在全班第一。可是，每次临近考试，他的笔记本和复习资料都会不翼而飞；更让人气愤的是，在一次期末考试开始前的一小时，他接到“母亲车祸，速回家”的传呼，可是当他满头大汗赶回家时，母亲却安然无恙地在家看电视，“车祸”纯属子虚乌有。事后经查，这些事全都是同班一个同学所为。这位同学的成绩也不错，但常

常排在张元的后边，为此，他心中妒恨不已，于是采取种种不光彩的手段干扰张元的学习和情绪，希望自己能超过张元。

3. 它增添了忌妒者内心的痛苦

“忌妒者比任何不幸的人更为痛苦，因为别人的幸福和他自己的不幸，都将使他痛苦万分。”忌妒者由于不能正确对待别人的进步与成绩，错误地认为别人的进步就是对自己的贬低，于是心理上自然产生一种痛苦的体验。这种消极的情绪反应持续长久将对人的身心健康十分不利，能引起多种心理问题与疾病。此外，忌妒心不仅给自己造成痛苦与心理失重，同时也给被忌妒者造成一定的打击。由此可见，忌妒心是一种极其有害的心理，我们不可等闲视之。

总而言之，忌妒是一种不健康的心理状态，它带来的后果往往是竞争、攻击和对立。忌妒心理对孩子的人际交往具有不良的影响，会妨碍孩子的进步。对于忌妒心强的孩子，父母一定要做好心理疏导工作，从而帮孩子克服忌妒心。

（二）激发计——帮孩子化忌妒为动力

转化孩子的忌妒心理，最有效的方法，莫过于“激发计”。比如如果孩子忌妒同学成绩比自己好，或者某方面比自己强，父母不妨激励孩子：“忌妒别人的优点，恰恰说明了自己不如人家；忌妒别人是因为别人有超过你的地方。”用这样的方式，激励孩子去学习别人的长处，而不是忌妒别人所取得的成绩，最终让孩子明白“与其忌妒他，不如赶上他、超过他”。

小宇背着书包气呼呼地回到家里，他的神情引起了父母的注意。“怎么了？小宇？”妈妈关心地凑了过来。小宇生气地一撇嘴：“妈妈，还记得王浩吗？”

“啊！不就是那个1000米跑第一的孩子吗？”

“有什么了不起！就是他，今天篮球队选人时，他在一边穷表现，结果他被录取了，我却被‘刷’下来了！瞧他那样，四肢发达，头脑简单！”

爸爸的脸沉了下来，在旁边重重地哼了一声：“这孩子，竟然还妒嫉了！”爸爸连一眼都没再看小宇，转身回房间了。小宇又愧又怕，满脸通红地坐在沙发上看着妈妈，他感觉到爸爸因为他说的话而有点看不起他，但他却不知道为什么。妈妈也严肃了起来：“孩子，知道吗？你在忌妒人家王浩，忌妒他就说明你承认自己不如他，你爸爸当然要失望了！忌妒有什么用，只会让人家笑话！如果你不高兴被他甩下了，那就努力练球啊！下次再选队员，争取也进球队不就行了！”小宇点点头，拿着书包回房间去了。那年秋天，小宇果然也被选进了篮球队。小宇在自己的日记本上写了这样一段话：我不要忌妒别人，因为那就是承认我不如人。总会有人比我更好，我只能是不断地学习再学习。

父母的激将法奏效了，小宇成功地把自己的忌妒心转化为了学习的动力。生活中，像小宇这样的孩子可能还有不少，但却不是每位家长都能像小宇的父母这样成功转化孩子的忌妒心，一些家长说教，一些家长对这种情况置之不理，这都是错误的，家长们应抓住孩子表露忌妒情绪的契机，利用激将法，唤起孩子不服输的精神，帮孩子彻底战胜忌妒情绪。

太自恋的孩子不会受欢迎

现在有好多孩子有很强的自恋心理，他们总是自我感觉良好，认为自己与众不同，并且不断寻求外界的赞美，他们往往缺乏自控，争强好胜，冷漠刻薄，没有爱心。

（一）孩子自恋的种种表现

“走开！我根本不需要你的帮助，这样的化学题是难不倒我的！”小松对表示愿意帮助他讲解难题的同桌大声嚷道。

“活该！你妈下岗了，你再也神气不起来了！”明明对着同学小齐的背影，冷冷地说。

“我的古筝已过六级了，这次晚会理所当然地是由我先上台演奏。为什么让华斌上？他学古筝才几天呀！”高二（一）班教室里，传来了李威歇斯底里的喊叫。

“哼，黄老师每次上课都点我的名回答问题，每次都表扬我，为什么今天没有呢？是不是小宇去打过我的小报告？”

“哈哈……张老师今天当着全班同学的面说我的作文写得特棒！哼，看以后谁还敢小看我！”

“凭什么批评我？不就是一次作业没交吗？”童洲边愤愤不平地想，边用笔在纸上画语文老师的肖像，画好后撕掉，撕掉后再接着画。

“和马刚交朋友？不，就他那档次根本不够资格！”王庆对李强说。

……

孩子若是非常自恋，那他们就不会有开阔的心胸，不仅看不起别人，而且会迷失自己。所以培养孩子，就要让孩子远离自恋，不让他们迷失自己。想要纠正孩子的自恋倾向，我们首先要了解一下孩子自恋的成因。

（二）孩子自恋的原因

据心理学家研究，孩子的自恋倾向，大多与家庭环境等有关。当孩子在幼儿时期，由于父母对孩子过分亲昵，从而使孩子的心里面出现自恋倾向。孩子进入童年时，缺乏与外界同龄人的接触，某些父母阻止孩子去结交同龄朋友，让孩子孤独地度过童年，这样也有可能使他产生自恋的倾向。那么，家长应该怎样做，才能不让孩子有自恋的倾向，或让孩子走出自我迷恋呢?

（三）引导孩子走出自恋怪圈

1. 给孩子提供一个健康的成长环境

父母要多关爱孩子，不要让孩子有孤独感、失望感，也不要溺爱孩子。在对待孩子的态度上，父母要把握好尺度。另外，父母在家时，有了矛盾也尽可能不要争吵，至少不要当着孩子的面争吵，否则会使孩子变得冷漠，从而不愿接近别人、相信别人，因此产生自闭或自恋心理。

2. 父母要讲究正确的教育方式

发现孩子有自恋倾向后，父母要先反省一下自己的教育方式，并改进自己的教育方式，鼓励孩子多结交有益的朋友，从一点一滴的小事中去发现别人身上的美与善良，发现别人的优点与特长。这样，孩子在开阔了眼界的同时，也开阔了心胸。当孩子敞开心怀去接纳别人时，就不会再自恋，不会再对别人产生厌恶感了。

孩子需要表扬，但是表扬要适度，要有节制。如父母经常有意识或无意识地当着孩子或他人的面称赞、宠爱自己的孩子，就有可能使孩子从小就自视甚高，这常成为孩子自恋产生的基础。所以，父母在表扬孩子时要有分寸，不能够夸大，更不能因为孩子有一次不错的表现，就每天都表扬。

3. 鼓励孩子多结交同龄的朋友

现在的孩子多是独生子女，如果家长不但不为孩子结交朋友提供条件，甚至还加以阻碍，就会促使孩子自恋心理的产生。相反，让孩子多结交朋友，让孩子看到每个人都有自己的优点，都有超过自己的地方，这样孩子的自恋心理就会减弱。

自恋的孩子容易迷失自己，他们没有宽阔的心胸，只有冷漠的眼神；他们没有赏识别人的意识，只有自我陶醉的梦幻。培养孩子，千万不要让他自恋。

正确引导孩子的攀比心理

妈妈跟人聊天，无意中提到了同事家的宝宝特别聪明，在一边玩耍的欢欢听到了，当即大哭。妈妈赶紧过来哄："我们欢欢也很聪明啊！"欢欢情绪恢复后说："我会背唐诗！会算算术！我会拉丁舞！我爸爸有小轿车！他不会，是不？……"

看着女儿把家底一件一件地抖搂出来，一副势必要把对方比下去的样子，妈妈有点哭笑不得！孩子怎么这样啊？处处都要比别人强，根本听不进别人的好啊！

攀比是烦恼的根源，那些心态平和、容易满足、不攀不比，安心过自己的日子的人才是最快乐的人。这句话也适用于孩子。生活中很多孩子的烦恼就来自于他们和同学比吃、比穿、比酷……因此，帮助孩子克服爱攀比的思想，也是父母不容忽略的事情。

（一）认清攀比

攀比是一种社会心理现象，是每个人都会有的心理状态，也是任何时代、任何社会都会存在的。可是，不同时代、不同社会的人们攀比内容却有很大不同。面对今天孩子的种种攀比，我们首先应该清楚地区分：

1. 攀比，不一定都是坏事情，问题在于向哪个方向引导。

2. 攀比，如果参照系选择得好，那么孩子越比发展得越快。

3. 攀比，有时是不服输的表现，但比吃、比穿、比虚荣，就不足取了。

4. 攀比，和其他事情一样，过分则只有害处而没有益处。

（二）是谁教会了孩子攀比

当孩子之间出现了不良的攀比行为以后，家长们往往感到既无奈又不解，不知道小小的孩子是怎样学会攀比的。其实，家长恰恰是孩子攀比的第一任老师，他们在孩子面前肆无忌惮地说贫比富时，不能分辨是非的孩子很快就学会了，如“妈妈说香奈儿才上档次”，“爸爸说有钱人开大奔”等。孩子们就学会简单地重复成人的话，模仿成人的语气去评价自我和他人。

因此，作为教育孩子的父母，必须小心检视自己的行为。如果父母在家中经常有类似和同事、朋友攀比的倾向，那么久而久之，孩子自然也会在无形中养成这种攀比心理。

（三）让孩子的攀比向好的方向发展

当然，如上面所说，攀比不一定都是坏的，当发现孩子有不健康的攀比心理和攀比行为时，家长可以参考以下几点以做应对：

1. 改变攀比的方向

孩子喜欢在生活享受方面向上比，别人买了名牌书包，我也追求；别人有了新式玩具，我也想要。这时，孩子的心理和行为受情绪控制而缺乏理智，不能理解满足人的需求是受一定条件限制的。对付这一类攀比，快速生效的办法，就是调整比的方向，将向上比改为向下比。这也叫作反攀比。

2. 迁移攀比的兴奋点

孩子有攀比心理，说明孩子的内心有竞争的倾向和意识，想达到别人的水平或超越别人。我们要善于抓住这种上进心理，并且改变孩子一味地攀比吃穿、消费的倾向，引导孩子将攀比的兴奋点迁移到学习、能力、毅力、良好习惯等方面。

3. 将今天与昨天比

让孩子今天和昨天比，本周和上周比，这学期和上学期比，从中看到自己的进步，建立孩子的自信心，并在欣赏自己的过程中努力超越他人。这样就能改变孩子习惯于横向攀比而成为纵向自我比较。

4. 将攀比变成动力

当孩子爱攀比的时候，我们可以引导孩子将攀比变成动力，告诉孩子不是不可以攀比，而是要通过自己的努力，去实现攀比的条件。

攀比并不是一无是处，关键是不能让孩子盲目攀比，家长应替孩子把握好方向和尺度，更不能让孩子拿自己的短处和别人的长处比。

让孩子学会善待“批评”

很多大人喜欢听表扬而反感批评，孩子们也一样。心理学家研究证实，那些难以接受批评的孩子长大后，也大多会对批评持“避而远之”或干脆“拒之门外”的态度。由此看来，让孩子在幼儿时代就学会接受批评，无论对一个人完整人格的塑造，还是对促成其事业的成功，都具有相当积极的意义。

但是，在很多家庭里，孩子听不进父母的意见，更听不得批评，何冲就是这样的一个孩子。

何冲有点儿“小聪明”，从小就很讨人喜欢。在整个小学阶段，他虽然没有值得特别骄傲的荣誉和成绩，却也没有任何不光彩的记录。妈妈视他为家中的希望，爸爸也觉得他很争气，何冲自己也感觉特好。进入初中后，何冲变得骄傲自大起来，听不进不同的意见，更听不得半句批评，成了一个犟头倔脑的“小大人”。

比如父母对他说：“冲冲，你现在是初中生了，再不能像以前那样，成绩只能算个中等，我们希望你在这学期有一点进步。最主要的是，听说你进中学后常去网吧，这样可不好……”

“你们在跟踪我？谁说我去网吧了？想让我的成绩上去，你们就花钱送我去重点中学吧，在这个学校我已经尽力了！”父母的话还未说完，何冲便冲父母大声嚷道。

何冲之所以听不进批评，是因为他对自己评价过高，很自以为是。据心理学家研究，这是因为孩子在一片表扬声中长大，从小受到娇惯宠爱；当父母发现孩子骄傲自大，批评的时候又不注意方式方法，所以孩子根本听不进去。

那么，家长要怎样批评孩子，才能让孩子从内心里接受呢？

（一）正确批评孩子“八原则”

1. 不当众批评

对于自尊心强的孩子，家长在需要批评时一定要注意，不要让孩子当众丢脸，不要伤害他幼小的心灵，批评最好是单独进行。

2. 欲扬先抑

批评前先说说孩子的一些优点，这样，孩子心理上会有一个缓冲，对大人的批评也会乐于接受。

3. 对事不对人

批评的重点应该放在孩子做的错事上，让他明白为什么这样做是错的，这样做会造成什么样的后果，不要对孩子进行人身攻击。

4. 把控情绪

父母在批评孩子时，切忌暴跳如雷，态度要尽量平和，不要居高临下，咄咄逼人，这样会使孩子产生反抗心理。

5. 及时批评

孩子一旦做了错事，发现以后要立即给予批评指正，不要左思右想等错误过了好久才去批评，这样会使孩子感到莫名其妙。

6. 贯彻始终

对于同一种错误，绝不可因为父母的情绪变化，生气时就批评，心情好了就放纵，这样会使孩子难辨是非，不知所措。

7. 适可而止

在对孩子进行批评教育以后，只要孩子领会了批评的意思而又有悔改之心，就要原谅他，终止此次批评。

8. 端正心态

批评应以爱护孩子、培养孩子的良好品行为出发点，并充分相信孩子能够改正错误。

（二）正确批评孩子“五注意”

1. 始终坚持鼓励为主，批评为辅。

2. 批评时，对事不对人，不损伤孩子的自尊心。

3. 允许孩子做出解释。

4. 增加身体接触。如搂着他的肩膀，或拉着他的手给他讲道理。

5. 批评过后要表达对孩子的感情依旧。要让孩子知道，做错了事就应受到批评，但父母不会因此就不爱他。

（三）正确批评孩子的“七方法”

1. 平衡表扬与批评

孩子自尊心强、经不得批评的原因，很多都是因为父母对他们一味地进行表扬和鼓励，很少或根本不进行批评所造成的。对孩子过度地表扬，会使他们逐渐形成唯我独尊、虚荣心强、好大喜功的性格，并且害怕面对失败与挑战，对批评极为敏感，无法接受。

我们不能让孩子在受责备的环境中成长，但是也不能让他们整天泡在赞美里。因此，我们没必要对孩子事事进行表扬，要少用一些情感色彩过于强烈的积极评价。如果想鼓励孩子，我们应客观、具体地评价孩子什么地方做得好，什么地方还需要改进。

2. 询问理由，注意场合

当孩子犯了错误，作为家长首先要耐心询问："为什么这么做？"了解孩子犯错误的原因和动机，千万不要不分青红皂白劈头盖脸就骂。孩子也是一个独立的个体，他也有受别人尊重的需要，当众批评会让他的自尊心受到伤害。于是他会表现出"叛逆"和"不服从"，以此来表现他心中的不满。孩子连你批评的方式都没接受又何谈接受你的意见和建议呢？

3. 掌握好分寸

父母在批评责备孩子时，首先要站在孩子的角度想一想，不能一味蛮横指责，甚至羞辱孩子，而应该把握好分寸，使批评的话说得恰到好处。需要特别注意的是，在苛责孩子时，应做到不要抨击孩子的人格，而应就事论事，单就他的一次行为或举止进行批评，这样就可以避免刺激到他的自尊心。

4. 婉转暗示

孩子到了一定年龄已经有了爱憎、是非的判断。一旦犯错也会担心爸爸、妈妈的批评和责骂，如果家长通过暗示，用眼睛看看他，用肢体动作提醒他，孩子会"不好意思"地自我反思。进而会有意想不到的效果。长此以往家长还会和孩子达成一定的默契。

5. 让孩子学会认真倾听

不论批评有多尖锐、多不中听，你都应该要求孩子认真倾听。因为只有认真倾听，才会发现其中也许确实有几分道理，最后才能虚心予以接受。从而让孩子渐渐明白：对他人的批评认真倾听，不仅是一种文明的表现，而且也是完善自我的必要方法。

6. 允许孩子分辩

在批评孩子时，也应允许孩子做出解释，因为让孩子虚假地表示接受批评，但心里大感委屈实际上不仅于事无补，还可能引发种种弊端。与此同时也要让孩子明白：解释的目的并不是推卸本来应负的责任，还应要求孩子保持解释时心平气和、实事求是的态度。

7. 培养孩子的自省精神

只有通过自律、反思、检查、剖析、克制等，孩子才会静下心来，客观公正地评价自己，并能清楚地认识到自身的缺陷。一个人如果不懂得自省，或者缺乏主动自省的精神，后果就是盲目自大，自我感觉良好，甚至发现不了自身存在的错误，以至遭遇损失时还一味抱怨他人，从不想想问题的根源就在自己身上。

善于自省的孩子，不会在犯了错误或遭受挫折时怨天尤人，而是先从自己身上找原因。心理学家都认为：改善心智模式的前提是要有自省的能力和勇气，也就是要客观公正地认识自己，不留情面地剖析自己。

事实上，只要孩子学会了“善待”批评，批评完全可以如同表扬一样，鼓励孩子前进，而且可以起着表扬难以达到的警示作用。

05

行为篇

儿时的陋习足以毁掉孩子的一生

西方教育学者曾指出："好的习惯比法律还正确。"幼儿正处于人生的初始阶段，一切都要学习，可塑性强，自控能力较差，既是养成良好行为习惯的关键时期，又是沾染不良行为习惯的危险阶段，如果不适时培养良好的行为习惯，便会错失良机，养成不良行为习惯。而积习难改，会给未来人生的发展带来难以弥补的遗憾。

姑息小毛病，会出大问题

一些家长常常会这样评价自己的孩子："我儿子学习好、体育好，可就是有些坏习惯让人受不了。唉！"所谓习惯，当然是在生活中慢慢养成的，而孩子之所以会养成坏习惯，也都是由于当孩子刚刚出现小毛病时，当父母的或者听之任之，或者姑息迁就，以至于有了这样的结果。如果家长能一直对孩子进行严管，努力消除妨碍孩子形成好习惯的消极因素，那么他们也就不会有后来的烦恼了。

（一）姑息，养奸

十岁的龙龙跟他会变魔术的叔叔学了点儿变魔术的本领，我们知道，变魔术的人动作都比较快。有一次，妈妈让龙龙到菜市场买点儿菜，他趁人不备，顺手牵羊"拿"了两只鸭蛋。回到家里，他兴奋地从口袋里拿出鸭蛋向妈妈显示自己快捷的身手。

妈妈感觉偷总是不好，不过转念一想这件事似乎并不是什么大事，孩子只不过是拿了两只鸭蛋而已，因此妈妈并没有把这件事看得很严重，仅仅对孩子说："拿别人东西多危险，被人发现了怎么办？以后不许干了！"对龙龙犯的错误，他的妈妈不但没有进行处理，晚上还把鸭蛋当成了"战利品"让儿子享用。

12 岁时，龙龙又偷了一只烧鸡，妈妈又想一只鸡也没什么了不起，仅仅是批评了孩子一顿，仍然让孩子吃了烧鸡。

当16岁的龙龙因为偷盗电脑被警察带走时，他的妈妈泪流满面，她根本没有想过，把孩子一步步带入犯罪的不是别人，正是她这位只知道疼爱孩子的妈妈。

家长是如何惯出孩子的坏毛病的呢?

1. 过度表扬孩子

孩子总是很希望得到他人的肯定和表扬的，孩子进步了，家长适当给予表扬可以使孩子更有动力，这种做法是对的。可是，有些家长并不是这样的，事无大小的就对孩子进行表扬，孩子本来就应该会做的事情，在家长的眼里却被认为是很大的成就，应该平时对孩子过度表扬，这会让孩子的虚荣心变强，并且容易出现停滞不前的现象。

2. 对孩子的事一手包办

现在的孩子都是家长们的宝贝，所以，都希望孩子能好好学习就可以了，家务事不需要去做，家长可以一手包办，甚至是一些孩子力所能及的事情，家长也剥夺了孩子的劳动机会，这容易使孩子养成依赖性和懒惰习惯，对以后的生活会有害处。

3. 对孩子有求必应

如今很多家长的经济能力都比较好，所以，对于孩子的需求，家长也是有求必应，孩子一旦得不到什么东西，就会用哭闹撒娇等各种方法来得到，而家长的反应就是马上满足孩子，这种做法对孩子的成长将会带来严重的负面影响，孩子不能养成良好的金钱观，而且也不利于心理健康发育。

4. 纵容孩子的不良习惯

孩子有很多不良习惯不能及时得到纠正，都在于家长对孩子的不良习惯的认同，在家长眼里，孩子的不良习惯并没什么坏处，所以，就会纵容孩子继续维持和发扬自己的不好习性，这对孩子的学习和生活也会造成伤害的。

5. 孩子犯错不教育

有错就要改，这是我们都知道的道理，但是，在有些家长看来，孩子犯错了，没必要去太过于重视，所以很少对孩子进行教育或者惩罚，孩子则会一直认为自己是对的。

（二）严格要求才是真爱

爱孩子，是父母的天性。这份爱中不仅要包含理智与宽容，更应松紧有度，要为儿女们在“可以”和“不可以”之间划一条清楚的界限，使他们的行为有章可循，学会忍受一时的不舒服、烦心事，甚至忍受必要的痛苦，因此，对于孩子的不良习惯，一定要从小抓起，及时制止，绝不能手软，更不能把宽容演变成纵容。

1. 生活中，如果发现孩子有不良习惯时，父母就必须及时进行批评，指出这种行为的错误，千万不要认为“孩子嘛！都是这样，长大就好了”。孩子没有明确的是非观念，大人的迁就只会使孩子变本加厉，到最后不可收拾。这就是为什么说，爱必须是严格的。严才是爱的表现形式之一。没有真正严格的要求，也就不会有真正的爱。所谓“爱之愈深，责之愈切”就是这个道理。严格要求孩子，不姑息孩子的一点小毛病，就是在他们懂得道理的基础上，向孩子提出合理的要求，防微杜渐，不让小毛病变成大患。

2. 在培养孩子良好的习惯时，必须要有连续、连贯性。当我们固定某一个人——在一般的家庭里这个人通常是母亲——负责培养教育孩子的时候，教育的连贯性比较容易做到。当一个孩子由周围或家庭里几个人：妈妈、爷爷、奶奶同时负责培养时，这时由于每个人有各自不同的观点，没有统一的认识，在培养孩子上就会步调不一、宽严不一。具体表现就是许多家庭中常出现母亲与奶奶或爷爷的矛盾。母亲想严格要求，爷爷、奶奶要庇护。妈妈打孩子一巴掌，爷爷、奶奶把脸拉得老长。因此，防微杜渐培养孩子的良好习惯既是一件细致艰巨的工作，也需要我们当父母的人有持之以恒的精神。

3. 在许多公共场所，如在等候公共汽车时，许多人都在排队，有些孩子见排队的人多，就到前面去插队，或者干脆不排队就站到最前面，或抢上公共汽车而且还为父母占位子。这原本是一种不遵守公共纪律和投机取巧的行为，而有的父母也为了图一时的方便和舒适，不加阻拦，反而津津乐道地认为孩子机灵。这种纵容孩子的态度和行为，不但对培养孩子良好的行为习惯不利，还加重了孩子的自私、野蛮、危害公共利益的行为。

所以，父母对孩子生活上的某些小节绝不能忽视，要随时纠正孩子的不良行为。

作为父母，即使我们再爱孩子，也不要姑息孩子的小毛病，这样做只会害了孩子，因为放纵、姑息、迁就是一切不良习惯的根源，只有对孩子的不良行为严加管教，才能让孩子从小养成好习惯。

警惕孩子小偷小摸的坏习惯

一些孩子往往在不知不觉中养成了小偷小摸的坏习惯，同学的铅笔盒、朋友的玩具，“想拿就拿”、“喜欢就要”。如果出现了这种情况，家长就该注意了，不要因为事情小就不管不问，必须对孩子防微杜渐，坚决纠正孩子的不良行为，免得孩子将来犯大错。

小涛是个小学五年级的孩子，他的父亲开了间汽车配件商店，妈妈是一家公司的管理人员，家里经济条件很不错。但据班主任老师说，小涛有小偷小摸的习惯。二年级时，他有几次把同学的笔、橡皮泥等带回了家。上四年级后，有几次拿走了同学文具盒里的钱。老师曾多次对他进行教育，但效果不明显。这次他又拿了同学书包里的一百多元钱，学校认为这是个很严重的问题，不但把家长找来谈话，还表示如果再有类似事情，就请他们把孩子带走。这下小涛的父母可着了急，他们没想到问题这么严重，其实孩子小时候拿同学文具的事，他们都知道，可是他们那时觉得自己家又不缺钱，孩子不过觉得新奇，拿来玩而已，没有必要“小题大做”，没想到孩子这么不争气，竟然偷同学的钱，而且还屡教不改。

其实，孩子的天性都是善良的，究竟是什么原因让孩子沾染上偷窃恶习的呢？

（一）导致孩子偷窃的原因

1. 心理因素

有些孩子从小就对周围的环境十分敏感，当他们感到被人忽视时，为了引起别人的注意，就会运用一些欺骗手段和偷窃行为来达到目的。这些儿童不能凭自己的正常行为来取得满足，这是应当引起家长高度重视的。

有些大人对孩子管教太严，孩子的需要不能通过正常渠道来得到满足，因而通过其他的途径即私下拿钱或物来得到满足。有的大人不给孩子任何零钱，当其他孩子在自己面前炫耀其优势时，孩子自尊心似乎受到伤害，于是他会趁着大人不注意时，拿钱买东西在别的孩子面前炫耀，以获得所谓的心理平衡与自尊心。

还有些大人对孩子的感情投入太少，整天忙于事业，或是夫妻感情发生危机，离婚以后双方对孩子的关心都不够，这些情况促使孩子有意无意地选择偷窃行为来获得父母的关心。其实这些孩子有时并不是真正需要钱或物。因此可以理解为什么一些家庭关系紧张或父母离婚后，他们的孩子这种不良行为比一般的家庭发生率高得多。

2. 教育因素

有些大人看到孩子把别人的东西拿回家来，不是对孩子指导、教育、管教，反而默认或者大加表扬，说孩子有本事。孩子为了获得大人的认可或赞赏，就会一而再，再而三地加强了这种行为，或吸引大人关注自己；这些孩子客观上不能得到父母的关心或他人的关注，而选择偷窃行为。这种情况多是发生在比较贫穷或者教养不好的家庭中。

有时孩子把家里的钱、一些小东西偷偷拿出去，未征得大人同意便买了东西；大人知道后也不管教，觉得不要紧，反正是自己的孩子拿家里的东西用。慢慢地让孩子形成了不问自取的毛病。开始从家里偷小的东西，接下来偷大一点的物品，最后一直到偷到别人家里，逐渐走向深渊。

3. 环境因素

有的孩子受到电影、电视及同伴的影响，为了获得物质上的享受，有意识地进行偷窃行为。孩子虽然也知道这种行为是不对的，可是又控制不住物质对自己的诱惑，家里及幼儿园又不能给孩子提供这些物质条件，孩子就会通过偷窃的途径，来满足自己的欲望。孩子受到坏人的强迫或威胁，也会被迫偷窃。另一种情况是孩子受到不良认知的影响，认为窃书不算偷，或者认为自己偷的东西是没人要的，为自己的行为找到适当的借口，即使偷了东西，也没有犯罪感。

古人说：“勿轻小事，小隙沉舟；勿轻小物，小虫毒身。”总之，不管孩子的偷盗是源于什么原因，亦不管其所偷盗之物价值如何，父母都必须认真对待。千万不能因为事情小就不去追究，要知道“星星之火，可以燎原”。

因此，家长一旦发现孩子有不良的倾向或苗头，就要马上纠正，别让小毛病变成了大问题。

（二）防微杜渐，杜绝偷窃行为

1. 在思想上防“微”

从孩子懂事的时候起，就要经常给孩子讲一些拾金不昧的故事，告诉孩子不能拿小朋友的东西，因为那样做是不对的。

小小的妈妈是老师，她非常注意对女儿的道德教育，从不许女儿随便拿人家的东西。小小读小学一年级的时候，老师带着孩子们去郊外野炊，小小所在的小组负责拾柴火。孩子们走了很远，又忘记带水，一个个渴得嘴里直冒烟，正在这时，他们来到了瓜地，地里满是大大圆圆的西瓜。孩子们立刻冲了过去，一个虎头虎脑的男孩子说：“西瓜又不值什么钱，而且现在又没人，干脆我们自己拿两个吃吧！”小小立刻反对说：“这是偷窃，是不对的！”几个男孩子不高兴地回答：“偷个瓜难道还用坐牢吗？你不偷就一口也别想吃！”结果小小一个人走开了。后来老师从其他同学口中知道了这件事，就在全班同学面前表扬了小小，还告诉小小，你有一个好妈妈。

2. 生活中，要多注意孩子，细心防“微”

要非常注意观察孩子的日常用品是否有变化。如：经常性地检查孩子的书包，看书包里是否多了东西。如书包里的橡皮、铅笔、钢笔是否是孩子自己的。这些东西是否多了，为什么会多？多的东西是从哪里来的？要注意检点孩子的行为，看行为上是否出现不良的苗头。

3. 防“微”还要“杜渐”

“杜渐”就是将其杜绝，不让其继续发展。当发现孩子有小偷小摸的行为时，不管孩子拿的东西有多么小、多么不值钱，都要严厉地管教孩子，避免偷窃再次发生。

一天，妈妈看见多多一个人在院子里踢毽子，不禁有点纳闷：儿子怎么会玩起女孩子的东西来了？她走出去问多多毽子是什么时候买的？多多犹豫了一下，然后说："谁买它呀！是我在小敏的书桌上拿的！"妈妈生气了："是没告诉小敏就拿回来了吗？"儿子点了点头。妈妈立刻批评他说："知不知道你这样做是在偷东西？不告诉人家把东西拿走就是偷东西！"多多满脸通红地站在那儿，好半天才说："妈妈，我错了！"妈妈点点头，语气也温和了些："那好，赶快去把毽子还给小敏，向她说声对不起！孩子，不要认为妈妈对你太严厉，你们在学校也学过的，不能偷拿同学的东西，对不对？"多多想了想，认真地点了点头。从那以后，多多再也没有随便拿过别人的任何东西。

有一句俗语："做贼偷瓜起。"意思是说：一个人成为盗贼往往一开始的时候，是从偷吃别人的一个小瓜开始的。这就说明，当一个人坏思想、坏行为刚处在萌芽状态时，如果不制止，而是任其发展，就会成为大患。因此，当发现孩子有小偷小摸的苗头时，就一定要防微杜渐，姑息放任只会害了孩子。

父母细心，能纠正孩子的粗心

很多父母对孩子的粗心都很头疼。孩子粗心的因素很多，比如气质的因素、知觉习惯的因素、兴趣的因素等。父母最伤脑筋的是：孩子的粗心会逐渐变成一种行为方式，孩子会最终成为一个真正的"马大哈"。

孩子粗心，父母头疼，教师头疼，连心理学家也头疼。

（一）孩子为什么会粗心

孩子粗心的因素是多方面的。具体说，比如气质因素：属于这种因素的孩子对感觉刺激的敏感性较差，注意力又比较容易受到外界的干扰。又如知觉习惯的因素：有这种因素的孩子对知觉对象的反映不完整、分辨不精细。又比如兴趣的因素：这种孩子对感兴趣的事情比较认真仔细，对不感兴趣的事情却马马虎虎。最令父母伤脑筋的是，粗心会逐渐变成一种行为方式，最后演变成办什么事情都冒冒失失、粗枝大叶，孩子最终成为一个真正的“马大哈”。

（二）孩子粗心的危害

粗心的孩子的突出特点是动作快，脑子慢。这种孩子做事之前一般不会耐心细致地观察和思考问题，因而事情做完之后常常会漏洞百出。这种情况一般会随着孩子认知能力的提高而有所改善，但是对那些已经形成粗心习惯的孩子，如果不对他们进行耐心细致的指导，改变他们的不良习惯，帮助他们形成新的知觉、思维和行为的模式，那么他们就只好当一辈子“马大哈”了。

粗心儿童并不鲜见，但美国泰弗兹大学儿童心理学治疗专家金斯伯格教授通过长期研究证实：有的孩子粗心可能是患有一种注意力难以集中的病症——注意力缺损症，其典型症状即是时不时无法控制自己的行为。

以前，医生们倾向于把儿童特别多动和精神难以集中而总在自己的世界里胡思乱想视作两种不同的病症：前者为“小儿多动症”，后者则为“注意力分散症”。但时下金斯伯格教授领导的研究小组已拥有越来越多的证据显示，两者是由大脑出现的完全相同的问题引起的，只是因为患者性格不同，以致表现出的形式也不同罢了。具体来说，如患儿性格外向，即表现出属冲动型的多动症；相反，如性格内向，则往往表现出属分散型的精神不能集中。

美国加州大学欧文儿童医疗中心的史沃森指出，约占3%的学龄前儿童患有这种注意力缺损症。但遗憾的是，在世界许多地区，或由于传统文化的原因，或由于诊断和医疗条件的限制，注意力缺损症至今仍未被当作一种疾病，当然也更谈不上给予有效治疗了。如在相当多的东方国家，粗心普遍被父母看作一种“性格缺点”，粗心儿童因此要么被放任自流，要么遭到辱骂或棍棒处罚，其大脑中负责支持和控制自己行为的部分明显缺乏活力。他还警告说，这些儿童如得不到科学治疗，其中近一半的儿童无法坚持在校学习，长大后违法乱纪者的比例也提高。

（三）家长细心，纠正孩子粗心的毛病

心理学家提出以下方法去解决孩子粗心的毛病：

1. 父母要注意培养孩子良好的知觉能力和辨别能力

孩子之所以粗心，就是因为缺乏良好的知觉能力和辨别能力。父母要提高孩子这方面的能力，就必须采取有效的办法。比如向孩子提供“找相同点”和“找不同点”的图画，让孩子去发现图画中各种细节上的变化，培养他们仔细地观察事物和仔细地比较事物的能力，并且要求他们把比较的结果用语言大声地讲出来，以便巩固知觉的发现。这种活动随时随地都可以进行，哪怕是看到树叶上的一只小虫，也可以让孩子去仔细看看，看清楚虫子身上有几个花斑、几条腿等。

2. 父母还要训练孩子从不同角度去观察和思考问题的能力

小孩子的思维缺乏可逆性，很难从不同的角度思考同一问题，因此需要父母进行很具体的指导。比如将两根一样长的木棒前后错开放在孩子面前，问他哪一根长。试验表明，有的孩子说上面一根长，有的孩子则认为下面一根长。这时，父母可以诱导孩子换一个角度再看这两根木棒。说上面一根长的孩子是因为他只注意到棒子左端，当让他同时再看看木棒右端，他的说法可能就会改变了；说下面一根木棒长的情况则相反，孩子只注意到木棒右端的长短，而忽视了木棒的左端。通过这个例子，要让孩子学会观察事物的不同角度。

3. 父母要及时纠正孩子粗心的错误

父母发现孩子因粗心而犯错误，应该及时要求他重新更正，用新的动作链条去纠正原有的习惯动作，塑造新的动作。这对于克服粗心也是完全必要的。必要时，父母可在旁边给予具体指导，“扶一把”，就能防止孩子重复出错。

纠正孩子的粗心是一件细致的、艰难的、需经常反复的工作，需要父母高度的责任心和耐心，不可急躁，更不可以责骂，因为被骂得情绪紧张、兴致全无的孩子只会变得更加粗心。

对孩子的不合理要求坚决说“不”

现在的孩子是“小皇帝”、“小公主”，享受到了前所未有的爱护和物质享受。然而孩子们的要求却越来越多，花样层出不穷，让父母们着实有点难以招架。父母们爱孩子的心情是可以理解的，可是一味顺从孩子只会助长孩子的任性和贪欲，对孩子的健康成长没有一点好处。

（一）太过顺从孩子有害无益

妈妈说：“豆豆，吃饭了。”

孩子说：“今天吃什么？”

妈妈说："米饭、红烧鱼。"

孩子说："不，我要到街上吃肯德基。"

妈妈说："可是饭菜已经做好了，我也累了，明天再去吃，不行吗？"

孩子说："不，我今天就要吃。"

孩子又哭又闹，最后妈妈屈服了，带他到街上吃肯德基。

在这个故事中，孩子对母亲提出了极不合理的要求，母亲怕孩子生气竟然顺从了孩子的要求，她这样做既损害了自己的权利，又降低了孩子的心理承受能力，可以说这位母亲的做法是非常失败的。

孩子是没有自立能力的，他的需求很自然要靠父母来满足。可今天的孩子生活在现代社会，他们不仅从父母身上，也从电视上，从大街上看到这多姿多彩的繁华世界，他们的视野宽广，他们的欲望也变得强烈。而父母们常不忍心拒绝他们的要求，千方百计予以满足。可是人的欲望永无止境，小孩亦是如此，甚至更为强烈。不要说以有限的精力、财力、时间去满足孩子无休无止、花样翻新的欲望几乎是不可能的；就连对孩子的需求全部都予以满足的想法本身就是一种大错误。过于迁就孩子，等于间接促使孩子养成随心所欲、唯我独尊的不良思想，势必导致他们在日后迈入社会，进入实际学习、工作、交往中碰得头破血流，甚而误入歧途。

因此，在生活中，父母千万不要迁就孩子的不合理要求。对孩子非分的需求理当不要迁就之外，对孩子正当的要求，有时基于家庭的经济条件，或者出于教育孩子的目的，也未必一定全部满足。但是，不迁就孩子必须讲究方法。

（二）冷淡处理孩子的不合理要求

1. 孩子情绪激动时，不妨态度冷淡一点，让孩子知道你坚决的态度，事后再把自己的理由坦率认真地告诉孩子，要相信孩子的认知能力，使孩子最大限度地理解自己的做法，让孩子感到父母不是不愿意满足自己的需求，而是自己的要求过分，或者家里的确有困难。促使孩子做到这一步，自幼明白道理与克己节制，心理承受一定的挫折，这对他们今后的生活道路亦是大有裨益的。

2. 一定要坚持住原则。有些父母当时不迁就，可是经不住孩子的纠缠，或是由于心软，过一会儿又予以满足，这是最失败的。这样出尔反尔，定会让孩子产生这样的认知：即通过死缠硬磨的手段，无论什么样的要求都可以得到满足。也有些父母不注意相互之间的通气、默契，爸爸不迁就，妈妈却迁就了。又或许父母达成一致意见，爷爷、奶奶却悄悄地予以满足，当父母提出批评时，老人又说这是他自己的积蓄，背后又在孩子面前唠叨。这样不仅会造成孩子心理失衡，误以为父母不疼爱他，说得好听，说什么事情做不到，其实可以办到，只是不愿意为自己花钱、着想。

冷淡地拒绝孩子的不合理要求，是处理孩子任性问题的最佳办法。需要注意的是，在孩子平静下来后，一定要告诉他拒绝他的原因，这样的教育才是有效的。

理解并引导青春期子女的怪异行为

青春期的孩子情绪很不稳定，他们有反抗权势和习俗的倾向。

因此，孩子们常表现出很多怪异行为，看了叫人心烦，令父母们难以容忍。譬如：咬指甲、抠鼻孔、啃手指头、抓耳朵、干咳嗽、斜眼看人、擦鼻子、全身乱动；或是成天躺在床上两眼望天，手里不停地玩儿一件东西；或是一天到晚不停地抱怨，仿佛一切都令他看不顺眼，等等。

他们的坏毛病、坏习惯也一再重犯。早上大睡懒觉，晚上借口念书和洗澡，拖到深更半夜不睡觉。父母说他，他就生气，他会跟父母强辩，或是故意曲解父母的话。处于青春期的孩子最令父母头疼，也常让父母大为光火。

（一）对青春期的孩子应给予理解

青少年孩子们的言行虽然如此不正常，但父母也不必惶惶不安。孩子们仍然是有理性的，因为是他本身的发育促使他的行为。青春期的作用就是要瓦解他已经成型的性格，接受必需的改变：从成型状态（儿童时期）经过瓦解状态（青春期）到再定型状态（成人时期）。每个青少年在青春期都要重新养成他自己的性格，必定要从父母替他塑造的儿童期中挣脱出来，使自己焕然一新。

因此，他们有些怪异行为是可以理解的。

青春期是动荡不定、迷惑和苦恼的时期，同时希望无穷。情感强烈的时期是引起社会关切、个人极端痛苦的时期，也是心情矛盾、喜怒无常的时期。

有一个著名的心理学家曾说过：处在青春期阶段的男女，言论和行为互相矛盾、变幻莫测，这并不奇怪。他们在成长，在塑造成人期的性格，不停地在体验自我，要尝试各种各样的可能性。所以，他们容易冲动，尽管他们也知道冲动不好，应该克制，在公众面前不愿亲近父母，但他们内心的隐私还是只想向父母倾诉；表面上在处处模仿名人，私底下却又想标新立异，另创一套；有时表现急公好义，乐于助人，为社会、为他人，无私地做奉献，但有时又显得自私自利，冷酷无情，一心一意只考虑自己的利益，而毫不顾及集体的利益。在一所高级中学，有位教师找了几位高一的学生谈心，要那几位学生谈谈他们最近的心理活动，毫无例外，这些学生在心理上都很矛盾。

有个男生说："我近来心情很苦恼、很矛盾。因为，在内心深处，常有些欲望和冲动在燃烧，在折磨自己。想尝试，不太敢；想克制，又克制不住。"

有个男生说："也许我这个人精力太旺盛，总想找个机会去亲自尝试一下人生各种酸甜苦辣，去实际做些事情，哪怕是发泄一下也好，而不愿只听一些不着边际的空谈。"

有个女生说："不知为什么，现在我经常做一些连自己都莫名其妙的事，被别人看成神经质，喜欢装模作样，自己难以理解，一点也不愉快。"

对处于心情不定、常自相矛盾阶段的青少年，要理解他们，掌握他们的心理特点，不要横加干涉，一看不惯，就动辄斥骂，不妨顺其自然，听其自便。他们好活动，就让他们去动，喜欢孤单的，内心有种种隐私的，暂时也不要多过问。

青少年在什么情况下，内心渴望别人了解？在什么情况下，又不愿让人窥其内心隐私呢？

这是件困难而又微妙的事，父母再聪明，也难掌握，那又何必太操心，反而使孩子不高兴呢？对孩子的反常行为，暂时容忍，并不是表示赞同，正如医生从不拒绝病人的要求，哪怕感到它不合理，只因为他们是病人，但绝不鼓励也不赞许。暂时的容忍，就是在尊重理解孩子的个性和心情基础上，再寻找恰当的时机，进行有效地帮助。

（二）要特别预防孩子出现"闭锁心理"

很多经过这个阶段的父母可能都遇到过这样的情况：孩子到了一定年龄就会自己把自己封闭起来，不愿与父母一起出去玩儿，不愿与父母谈心里话。这样的孩子甚至有时候对父母的教育也表现出很不耐烦的情绪，而经常把自己关在房间里，连自己的东西也不允许父母动一动或看一看，开朗的性格一下子变得孤僻起来。

对此，很多父母感到莫名其妙，一直追问“这是怎么回事”！

从心理学角度看，孩子心理和言行的这种变化是青少年心理发展过程中的一种常见现象，称为“心理的闭锁性现象”。

产生“闭锁心理”主要有以下两个方面的原因：

1. 孩子的独立意识的增长

孩子到了青春期，抽象思维能力逐渐加强，就会积极地用自己的心去体验外部世界。这个时期，孩子对父母的依赖性逐渐变弱，有时会做出一些所谓“小大人”的举动来。这个时期的到来，标志着一个人走向成熟的开始。但是由于此时的孩子对许多事情都把握不准，因此常常会发生把自己与父母对立起来的行为。

2. 孩子自我意识的发展

此时孩子的智力已经发展到相当高的水平，自我意识已经完全能够将自我与他人、自我与客观世界区别开来，而且还会发现自己也有许多独特的观点和很好的想法。但是，此时的孩子自尊心都比较强，担心自己的想法会引起父母或别人的耻笑或轻视，所以就小心翼翼地将许多内心的想法作为秘密闭锁起来。同时，这个阶段的孩子却又有渴望被人接近与理解的心理矛盾，因此，写日记成了他们倾述内心秘密的重要形式。

父母应该清楚，孩子出现这样的心理闭锁现象是很正常的，父母应该对此进行妥善处理。如果父母对此一无所知，对孩子的这种心理变化处理不当，就会对孩子身心健康产生不良影响，如：孩子心理上产生不同程度的、间或出现的孤独感，一定程度的反抗情绪等。如果父母任其发展下去，个别孩子甚至会性情孤僻，长时间地将自己闭锁起来，最终形成有缺陷的人格。

父母要充分理解这个时期孩子所产生的闭锁心理，要为孩子创造条件交正派的朋友，要引导孩子相信父母、老师和其他正派的人。当孩子有想不通的问题的时候，要鼓励孩子大胆地向别人倾述，让孩子把不愉快的情绪尽快宣泄出来，不要让这些问题长期困扰着孩子。

同时，父母还要积极鼓励孩子参加各种文娱体育活动，让孩子在活动中尽量放松自己的心情。

父母不要对孩子的这种举动大惊小怪，要给予孩子更多的关心和爱护，可以经常找一些孩子感兴趣的话题，与孩子促膝谈心，使孩子早日走出闭锁心理的圈子，让他快些成熟起来。

（三）对青春期的孩子给予足够尊重

父母也许会发觉，尽管过去对孩子的奖赏很有一套，然而这往往在孩子进入青春期时便面临相当的考验，以前孩子甘之若饴的奖赏，此时可能对其产生嫌恶的反应，到底是为什么？

这是因为，青春期的孩子自我观念强烈，对父母的要求和期盼往往会加以反抗，但这也表示孩子已经长大了，对事物有他自己的看法。

面对青春期孩子的反抗心理，父母们不必过于紧张，事实上，如果过去的所有奖罚都适当而且合理，如果孩子的行为早已塑造成型，往后他还是不会脱离基本的轨道。所以，最重要的还是在于对幼儿的训练过程。

青春期的孩子不接受父母的奖赏，大部分问题在于父母的表达方式，孩提时代被大伙儿称赞的骄傲滋味，现在对他而言可能是一项莫大的耻辱，也许是因为害羞，觉得太与众不同了，于是就加以拒绝。所以，父母应该改变管教态度。面对青春期的孩子，父母要站在帮助他判断是非善恶的立场上，辅导他对事物的处理和解决之道。对于奖赏，精神上的要比物质上的更有效果。

这是人的成长过程中非常重要的时期。这时的心理状态发展如何，往往会影响到人的性格的形成和健康发展。因此，帮助孩子度过这两个时期就显得极为重要。

父母可以采用下面的方法：

1. 尊重孩子，让孩子选择

处于反抗期的孩子不喜欢有人吩咐他做某件事或被迫接受某种意见，哪怕这些意见和行为是正确的。这时，你可以把自己所企盼孩子接受的做法与其他几种可能摆在一起让他选择。孩子在你规定的范围内行使了自主权，既让他表现了独立性，又往往能心甘情愿地顺从你的建议，双方皆大欢喜。

2. 转移孩子的注意力

如果孩子执意反抗，父母就必须想办法转移他的注意力，例如：给他心爱的玩具或卡通，待其情绪好转时再与他沟通。不要非强迫他顺从你不可，更不要威胁他或利诱他。巧搭梯子，让孩子自然下台。孩子有时是为了逞能而耍犟，这时，你要顾全他的面子，帮他搭梯子，让他体面下台。如果他考试成绩一落千丈，你不能对他嘲笑讽刺，否则会适得其反，迫使孩子走上“反抗不归路”。

3. 多给孩子一些爱

一些心理学家强调，要使孩子服从、不反抗，就必须给他们多一点爱、关怀与了解。事实上，反抗的行为几乎经常发生在每一个家庭，然而，一个苛求、缺乏爱的家庭似乎更易养成孩子叛逆的心态。家长应忽视缺点，赞扬优点。假如你希望孩子的错误行为不再发生，你就得狠下心来，忽视一切的错误行为。除了忽视他的错误行为外，你还得去夸赞他一些良好的表现。赞扬本身虽然只是一件小事，但对孩子而言，它已代表了你对他的爱、关怀与注意，以后他会乐于服从的。父母切记，处罚绝不是办法，因为这会阻止孩子发展自我意识。

4. 因势利导，不要破坏孩子高兴的情绪

有时孩子玩儿得正高兴的时候，父母突然打断并要求他做他不愿意的事，这会是引起孩子反抗的导火索，甚至还会使孩子发展到与父母对抗。近来报刊上不时披露的青少年离家出走的事情，不少就是孩子在感情上与父母疏远、对抗而采取的极端之举。两代人应当相互尊重各自的秘密，并将此视为尊重他人人格尊严的重要内容。尤其是父母要尊重孩子的权利，不偷看孩子的日记和信件，不偷听孩子的电话，不强迫孩子说出不想公开的秘密。

当然，父母负有监护人的责任，但这种监护是监督与保护之责，是以尊重为前提的。父母的权利在于通过自己的教育影响，使孩子能够独立面对秘密并从容、恰当地处置。如此正确对待、巧妙实施，可以帮助孩子健康、自信地度过人生的两段关键时期。

从这个阶段起，尊重孩子是独立的个体的事实，培养他们的责任感，才是父母最重要的当务之急。

通过“代币法”逐步纠正坏习惯

孩子之所以“屡教不改”，就是他们没有发现改正错误的希望。有一种“代币”的方法可以起到这种作用，细心的父母不妨一试。

（一）使用“代币法”的好处

“代币法”是心理治疗中常用的一种行为疗法，对小年龄或智力发展沉缓的孩子效果很显著。“代币”即真正奖励物的暂时代替，就像“小红花”、“红五星”等一样。“代币”可以是实际的物件，也可以是打点、划勾一类的记号，无论什么东西都可以，但在具体使用时要合乎以下原则：安全、耐用、便宜；数量容易控制，使用起来方便；不是孩子急切想要的东西。这种方法的最大优点就在于当孩子表现出良好行为时，不是立刻就满足他的要求，比如“我不哭，你就得给我买玩具”，而是经过一段时间才满足孩子的要求。因此，孩子要达到某种目的，就需要他将某种好行为保持一段时间后才能达到目的。这对于孩子形成良好的习惯是很有好处的。由于这种方法可以很好地提高合理行为有意识反复出现的频率，同时因为有“代币”刺激，也可以使孩子的合理行为得到进一步的鼓励，起到“望梅止渴”的作用。

（二）实例细解“代币法”

一个女孩，小学三年级学生，毛病是上课不能集中注意力、爱说闲话、做作业速度慢、脾气大、吃手指甲，甚至上学常常拖拖拉拉，等等。无奈之下，母亲只好带着孩子去看心理医生。

心理医生与女孩“谈心”。女孩也知道自己有很多“毛病”，可就是无法及时地控制自己。心理医生经过与父母研究认为，在她的旁边安个“提醒器”就可以解决问题了。

心理医生在确定了女孩本人愿意改正的决心以后，根据孩子的年龄和性格特点，决定采用“代币法”。

心理医生先同女孩的妈妈和女孩一起将所有要改正的不良行为列成表格，然后请女孩把自己想做的事、想要的东西、想实现的愿望都统统写出来，最后帮助女孩的妈妈和女孩一起制定了如下的“代币”规则。父母以自制“纸板”为“代币”，具体情况如下：

1. 每天按时到校，得 1 分。

2. 上课的时候不说话，得 3 分。

3. 上课回答问题，每天回答 5 次以上，得 4 分；每天回答 3 ～ 5 次，得 3 分；每天回答 1 ～ 3 次得 2 分。

4. 独立完成作业，一个小时内完成，加 1 分；全对得 4 分；85%以上正确，得 3 分；60%以上正确，得 2 分。

5. 自己整理书包，不要忘记带东西，不少带东西，得 2 分。

附加规则：

1. 每月可先给孩子 10 个“预支板”。如果父母认为孩子本月表现不错，可以加入孩子的“代币”总量中，否则就要扣除。

2. 获得老师指名表扬，每次得 5 分。

3. 一个星期内未受老师批评，得 3 分。

4. 被老师罚抄、罚做作业或合理的批评，每次扣 1 分。如果孩子表现不错，爸爸、妈妈每人说 5 句让孩子开心的话。

孩子所得分数奖励如下：

10 分，一句好话和一块巧克力；

20 分，父母说表扬的话和一个小黄鸭玩具；

25 分，父母说表扬的话和樱桃小丸子铅笔盒；

35 分，父母说表扬的话和外出游玩一次。如果孩子不愿要以上奖品，可以把这些钱积累起来买孩子需要的东西。

这个女孩感到“代币法”很新奇而有刺激性，很乐意这样做。为了让孩子更有信心，医生让女孩把“代币”带在身边，放在口袋里或铅笔盒中。建议父母和孩子一起制作一张挂图挂在家中，比较详细地记录女孩获得“代币”的数量。

这样做有两个目的：第一，用具体可见的“代币”提醒孩子，增强她自我监督的意识。第二，具体可见的“代币”只是一种暂时的奖励替代，可以起到心理激励作用。

不同的行为对应不同的代币数目，不同的代币数目又对应不同的奖励，这样就避免了以一次行为定论的局限，可以避免主观性，又为孩子提供了足够的选择行为的方式和获取奖励的机会，孩子在行为改变的同时，就会不断形成自我管理的好习惯。

经过一段时间的施行，女孩有了很大的进步，不但上课经常受到老师的表扬，作业速度也大大提高了，父母子女的关系也得到了很大的改善。

“代币法”的具体内容可以根据孩子的不同时期灵活调整，必须记住的是，父母应该与孩子一起来完成，但是毕竟最后的行为实施者是孩子本人，所以应该注意以下几点：

1. 这种方法有“鼓励”成分，孩子应该比较容易完成，通过完成几个比较简单的行为，如按时上学或“预支代币”等形式去激发孩子的主动性。千万不要把目标定得太高，力所不能及，这样孩子就得不到刺激和鼓励，就没有信心了，就会很快丧失尝试的兴趣。

2. 属于生活必须支付的物品，父母应该照常提供，不要把这些东西也变为奖励品。

3. 奖励品要比较合理，不要“克扣”，也不要“盲目奖励”。整个家庭都要步调一致，不能够随意改变。如果有一个人随意改变代币规则，就有可能使“代币法”无法顺利进行。

利用契约限制，让孩子懂得规矩

人与人之间的契约关系，是资本主义社会最早、最重要的产物，其思想渊源也是来自卢梭。卢梭曾提出一个观点：老师和学生之间应该形成一种平等的契约关系。在他之前，没有人这样说，因为老师历来都是管学生的，学生只能是被管的，学生怎么能跟老师订契约呢？但事实上，卢梭的观点已经被现代的教育者普遍接受了。

（一）契约的意义

契约是双方经过谈判，共同同意的一种对双方均有约束力的约定，它可以是口头的，也可以是书面的。像小孩子们一起玩弹玻璃球、跳房子之前大家“说好”的规则，就是一种口头契约；像商人之间做生意，要先订合同，谈好条件，价格是多少，交货时间等都写进去，这就是书面契约，双方必须遵守，不得违约。契约本身带有一种平等的性质，因为它必须是双方都同意的。

现在在多数发达国家社会里，契约精神被广泛应用，不但师生之间包含着这种契约关系，连家庭里也有不少这种契约关系，如夫妻结婚之前先订个契约，怎样处理婚前各自的财产，父母与子女之间订的契约，则比较多地带有教育性，大多是为了训练孩子的行为而订的。

（二）实例讲解“契约法”

有一个故事发生在美国。在一个再婚家庭里，有个少年名叫阿尔伯特，他是个非常不听话的孩子，与继父关系很紧张。平时他对继父总是绷着脸，心里怀着很强烈的对立情绪。有一次，阿尔伯特为了一点小事就用菜刀威胁继父，吓得继父只好找来警察。

后来，继父找来了心理学家。经过分析研究，发现阿尔伯特有一个爱好，就是特别喜欢开汽车，并且很希望自己拥有一部汽车。心理学家与阿尔伯特的继父商量，让阿尔伯特的继父借给阿尔伯特 400 美元买了一部旧汽车。继父与阿尔伯特订立了这样的一份契约，大概内容如下：继父借给阿尔伯特 400 美元买一部二手汽车，阿尔伯特以每周还 5 美元的方式归还。阿尔伯特可以采用以下方式挣钱：

1. 阿尔伯特星期日到星期四晚上留在家里，或者在每天晚上 9：30 之前把汽车钥匙交给继父，每晚 40 美分；

2. 阿尔伯特星期五和星期六晚上留在家里，或在半夜 12：00 前把汽车钥匙交给继父，每晚 60 美分；

3. 每星期一次，在白天（具体时间由阿尔伯特自己决定）把门前屋后的草坪修整好，每周 60 美分；

4. 阿尔伯特星期一到星期五，每天晚饭前把家里的狗喂好，每次 10 美分；

5. 阿尔伯特每天 6：30 前回家吃晚饭，或者按早上母亲说的时间按时回家吃饭，每次 5 美分；

6. 阿尔伯特离家前，最迟不能超过中午，收拾好自己的房间，每天 5 美分。如果全部做到，这些钱正好是 5 美元。

阿尔伯特要是做不到，就按以下条款给予处罚：

1. 按照不能做到的条款的价值，阿尔伯特将在下一个星期被限制使用汽车，每缺 5 美分就限制使用 15 分钟；

2. 阿尔伯特如果什么都办不到，就在下一个星期完全剥夺使用汽车的权利。

上述条款由继父负责执行。条款还规定，阿尔伯特做了其他好事，可以向继父和母亲提出来，并且商量好这些好事的价值。

契约还规定，双方只要提出要求，均可以修改甚至重新订立契约。

这份契约还真管用。从此以后，阿尔伯特很快地改变了他不听话的行为。为了尽快地得到这部汽车，他还表现出了许多意想不到的好行为，他与继父之间的关系也变好了。等到这部汽车属于阿尔伯特所有，他与继父之间已经建立起亲密的情感关系。

现在的父母，特别是面对初中生的时候，这种父母子女对立的情况是经常发生的。如果你遇到这种情况，不妨也采用这种方法试试。这种方法一方面是很简明，便于把握；另一方面是从小就培养孩子按照规则办事的好习惯。

利用“契约法”，家长尤应注意以下两个原则：

1. 父母一定要坚持原则。不给孩子退路，不能把定过的原则随便网开一面。口子一开，就不可能再收起来。迟早孩子和父母都得过这一关，如果父母败下阵来，就可能永远被孩子牵制。丧失了父母教育的主导权，孩子的私欲就会无限膨胀。最后孩子可能变得乖戾、暴躁、无法无天。

2. 父母要信守契约中自己的承诺，愿赌服输，不可以只要求孩子遵守，自己随心所欲，不讲诚信。这样不过是在教孩子如何出尔反尔，不讲信用，如此失德的父母，能够教出正直懂事守规矩的孩子，才算奇迹。

订立契约对有些比较调皮的孩子尤其管用，即使对那些懂事、听话的孩子，也不失为一种培养平等、守约观念的好办法，家长朋友们不妨一试。

通过临时隔离及时终止不良行为

从很多书上或电视上都可以看到，美国的妈妈们对犯了错的孩子的惩罚是“回自己屋子去”。据说，这种“隔离法”还挺管用，调皮的孩子出来后至少会“老实”一些，最后慢慢形成好的习惯。

（一）使用“隔离法”的好处

“隔离法”的主要适用对象是出现不良行为的孩子。这种方法其实很简单，就是暂时终止孩子的活动。这种方法的主要优点是：能够在较短时间内有效地终止孩子的某些不良行为，而且父母简单易学，可以随时方便地运用。有一点非常重要：这种方法能够让父母很好地控制自己的情绪，成为孩子理性行动的榜样。这种方法既不会对孩子的身体造成任何伤害，也不会伤害孩子的感情。

（二）实例讲解“隔离法”

有个小孩，只有三岁，一天，他用积木砸他的小客人。

妈妈看到后说：“孩子，你不能这样做！你要再这样，我马上对你实行隔离。”

孩子嬉笑着继续扔积木。妈妈走过去，语气坚定地说：“因为你用积木砸了小朋友，所以现在我要开始对你实行隔离！”

母亲不再多说什么，抱起他走向屋中间的一张高靠背椅，把他放在上面，并把他手中拿着的积木取下，然后取一个定时器，定好三分钟时间，放在孩子看得见但是手够不着的地方。

孩子自然是满脸不高兴，从椅子上跳下来。妈妈坚定但不粗暴地把他重新抱上椅子，站在他身后监视着他，并把孩子的手交叉摆在其胸前，说："只有你不再跳下椅子，我才会松开你的手。"

孩子挣扎了几下，发现无法挣脱，就安静下来，开始掉眼泪。妈妈装作什么都没看见，转身回到自己的房间里做自己的事。

等到定时器一响，妈妈走过去问："你知道为什么妈妈要对你隔离吗？"

孩子不吭声，妈妈说："你这样做是不对的，会把别人打痛的。如果你以后还这样做，妈妈还会对你隔离。不过妈妈希望你下次不这样了。"

孩子跳下椅子走了。这位母亲所使用的方法就是"临时隔离"。

这种方法的要点如下：

1. 必须有前提

孩子用积木砸小朋友的行为，是妈妈对孩子施用"临时隔离法"的前提条件。如果没有这个前提条件，妈妈就不可能对孩子采用这种方法。

按照一般情况，这个行为在孩子的身上是经常出现的。父母在采用这种方法前，应该对孩子的这种攻击性行为进行统计。如果这种行为出现的频率较高，就必须采取必要的措施了。

资料表明，这个孩子经常发生这种行为，所以妈妈把其确定为目标行为。据介绍，妈妈在日历上记录孩子的攻击行为时，孩子好奇地问妈妈在干什么，妈妈告诉了他，记录你的这种不良行为。孩子知道妈妈在注意他的行为时，就开始有意识地克制自己的这种行为，他的攻击性行为开始减少了。

2. 控制好自己的情绪

在实施隔离法时，父母要始终很好地控制住自己的情绪，不能因为孩子反抗而大打出手。

父母实施这种方法时，不要发火，也不要吼叫，只需要简短地说明隔离的理由就可以了。有人建议用不超过十个字的话来说明隔离理由，冷静地终止孩子的攻击性行为。而且这位孩子的妈妈是在孩子的行为发生后十秒钟内实行隔离的，这符合隔离法的及时性原则。

3. 选择合适的隔离地点

实施临时隔离，必须选择合适的地点作为隔离区。

父母要根据孩子年龄的大小，充分考虑安全因素，把隔离地点选在父母完全能够控制的范围之内。如这位母亲把地点选择在靠背椅上，就是因为孩子的年龄比较小。

对年龄大一些的孩子，可以选择卫生间、储藏室、走廊等作为隔离地点。选择地点时总的原则是让孩子感到无聊、单调、枯燥，但又应该是安全的地点，不能让孩子感到恐惧。并且要保证隔离期终止之前孩子不能接触一切游戏和活动。如果家里正在开着电视或录音机，也必须关掉，不能让孩子在被隔离的时候偷着看电视和听音乐。

4. 恰当的时间

隔离时间的长短一般是“1 岁 1 分钟”。

这位孩子只有三岁，所以时间设定为三分钟。要让孩子知道，是定时器而不是妈妈决定孩子什么时候停止隔离。所以有铃声且可移动的定时器是隔离法必备的工具。妈妈把定时器放在孩子够不着的地方，是为了防止孩子把定时器作为玩具。

5. 父母要若即若离

在隔离期间，父母应该做自己的事而不是一直在旁边看着孩子。

如果父母一直盯着孩子，孩子就觉得自己虽然受到了惩罚，但是同时也引起了父母的注意。虽然这种注意是负面的注意，但是孩子也会非常在意。事实证明，有的孩子会为了得到这种注意而有意干坏事。父母的过分关注常常会降低惩罚效果。

6. 说明原因

隔离结束时，父母要简短地向孩子说明被隔离的原因。

孩子的年龄很小，所以要加深孩子的印象。隔离结束，父母向孩子说明原因可以加深孩子对隔离原因的印象。因为有些孩子年龄太小，常常会忘记被隔离的原因。

孩子受到隔离，一般不会有太好的情绪，所以，父母不要太在意孩子的情绪。

“临时隔离法”适用于 2 ~ 12 岁的孩子。这种方法看起来简单，但是常常很有效。因为，在孩子看来，离开伙伴、停止活动是最不能容忍的惩罚。被隔离过的孩子都不愿意再次被隔离。在他们看来，那种滋味是不好受的。

让孩子汲取教训才能避免闯祸

要知道梨子的滋味，就应该亲口尝一尝。汲取教训的过程往往是这样，因此有“吃一堑，长一智”的名言。

（一）让孩子在惩罚中体验对错

一个 19 岁男孩，是一所名牌大学的学生，因偷盗进了拘留所。为什么呢?

因为他对原毕业的中学不满，想通过偷这个学校的电脑施行报复。据说，在偷电脑的时候，他也知道这样做是犯法的，可他还是忍不住要这样做。这其中除了他父母离异，没有人关注他的心理感受外，与我们以往的教育中，细微的体验太少也不无关系。如果他小时候曾因拿了人家一块糖、一块橡皮受到过惩罚的话，他就会体验出为什么不能偷窃的道理。

在国外不少家庭中，孩子无论犯了大错小错，都要受到惩罚（惩罚不是体罚），比如不让看电视，或几天不许到外面和小朋友做游戏等，就是你想做的事不让你做，让孩子在他的行为所产生的后果中来体验对与错。孩子就从这各式各样的体验中，明白了该做什么，不该做什么，以及做什么是对的，做什么是错的，从而一步步明白做人的道理。

（二）不要总是替孩子承担责任

孩子在外面玩儿，免不了要闯祸。男孩子在外面玩耍，争吵起来后又打了年纪小的玩伴，结果被打的小朋友的父母来找大人兴师问罪。或者为抢玩具，而弄坏了别人的玩具，甚或踢球玩儿，一脚不小心打坏了邻居的玻璃，父母有时还不得不掏腰包赔偿。这些情况在有孩子的人家都是常有的事。

在以前，当孩子闯祸的时候，多是母亲出来抵挡，总觉得是自己没有把孩子管教好，所以孩子在外面欺侮了小朋友，或打坏了邻人的东西。因而遇到了这种事，做母亲的总是说："妈替你去道个歉，只是你以后不要再打别人！"

当然，为了避免和邻人起冲突，搞好人际关系，父母代孩子道歉偶尔也是可以的。但是对于已经能够分辨是非的孩子来说，做父母的还是应该尽量从旁教育他协助他，使他认识到错误而主动去向受害人道歉，养成孩子自己做的事自己负责的责任感。这样，孩子以后自己也会知道对自己的行为要有所检点。同时，孩子长大了在社会上也会勇于为自己的行为负责；否则，一切都由父母负责，孩子无任何内疚感和责任感，不但不会像母亲所希望的“以后不再犯”，而且会变成一个缺少独立性且无责任感的人。

欧美人士在这一点上就很注意。一位朋友给我们讲了这样一个故事：有一次，我在一个美国友人家做客。那天，主人还邀请了几个美国朋友，有一位女士带了她的一个四岁的女孩。那女孩子很活泼。在端茶喝的时候，不小心把杯子打破了。这时，她母亲很快地用手帕擦去泼在茶几上的茶水，然后对女儿说：“你去向阿姨借一个盘子，把打破的碎片捡起来。然后再向她道歉！”

这件事当时我看了感触很深。要是发生在我们身上，父母肯定就会出来亲自收拾残局，然后代孩子向主人道歉，而不会要孩子做任何事情。虽然父母代孩子向主人道歉并不是什么错误，只是这样做的结果是使孩子没有机会接受教训，并且丧失独立性和责任感。孩子在外面闯了祸，父母不在场，因而父母不知道，于是别人的父母找上门来告状，这也是常有的。在外人来告状时，孩子也可能会出现两种情况，一种是害怕自己的父母责骂，而不敢承认，甚至躲藏起来，一种是怯生生地承认了错误。

不管怎样，当外人来告状时，父母一定要冷静而热情地倾听受害人父母或本人的申述，然后当着孩子的面弄清实情，应该向对方道歉的，应吩咐孩子向对方道歉，当然父母在自己的孩子认错后，也应向对方父母道歉。损坏了别人的东西，应该在道歉后照价赔偿，或者该付医药费的，就应该支付医药费，以此来教育孩子正确对待事物。这是正确的态度，也是不少父母所采取的态度。

（三）护短行为最要不得

但是应该看到，在我们的周围，也有不少的父母不是采取教育自己子女，向对方道歉的态度，而是采取护短的态度。事实上是自己的孩子打了别人的孩子，或损坏了人家的东西，他不但不责备自己的子女，不教育自己的子女，反而认为对方来告状是错误的，认为孩子在外面打架或做别的事，与他无关。甚或强词夺理说："我的孩子也挨了打。"或者"那东西根本不是我孩子打坏的，我孩子绝不会去损坏你家的东西！"

这样护短的结果是孩子在外可以做坏事不负责任，于是越学越坏，并且做坏事的胆子也越来越大，公然喊叫："你去告诉我父母好了，他们根本不会相信！"后果当然不堪设想。

此外，孩子在外面玩儿，有时被一些大孩子或特别霸道的孩子欺侮了，夺走了玩具，被打得鼻青脸肿或摔得鼻青脸肿，而哭哭啼啼跑着回家来，也是常有的事。尤其是在小学生中，相当普遍。这时有的母亲心疼自己的孩子，又恨自己的孩子在外面惹了祸，便闹着要去找欺侮她孩子的孩子算账，或者骂自己的孩子："你就不会打他呀！下次他再欺侮你，你就还手！"

仔细想一想，这都不是解决问题的办法。这样算账和报复，只会使孩子间的打斗越来越厉害，而且可能使无意的伤害转变成有意的伤害。

所以在出现这种不愉快的事情时，父母最好能保持冷静，倾听孩子的申诉，帮助孩子洗伤擦药，教导孩子以后尽量避免与那些顽童玩耍。同时，也可直接找欺侮了自己孩子的孩子问明事情真相，勉励孩子们和睦相处，不要打斗，以免事态扩大，结成冤家。当然，必要时还可以找对方父母，共同进行教育。但应注意一点，那就是找对方父母，不只为了算账而是要冷静友善，以共同合作教育双方孩子为目的。

引导孩子自己去反省错误

一个善于自我反省的人，往往能够发现自己的优点和缺点，并能够扬长避短，发挥自己的最大潜能，去做好每一件事；而一个不善于自我反省的人，则可能会一次又一次地犯同样的错误，不能很好地发挥自己的能力。

（一）反省的意义

善于自我反省成就事业的人屡见不鲜，因不能自省屡屡失败的人也不在少数。所以培养孩子，就需要培养他们做事自我反省、自我修正的态度，这样才能使他们在做事的时候减少失误，走向成功。

姑姑送给童童两条美丽的小金鱼。童童十分喜欢，把鱼儿放在玻璃缸里，看它们在水中自由地畅游。有一天，童童突发奇想，把金鱼从水中捞出来，丢在地板上。看到金鱼不停甩动尾巴，童童觉得很好玩。

“童童，你怎么这么残忍！鱼会干死的，赶快把它们放回水里去。”妈妈看到这一情景，大声呵斥童童。童童无动于衷，对妈妈的呵斥置若罔闻。这时，外婆走过来说：“童童，如果你口渴时不给你水喝，你会怎样呢？”“我会很难受。”童童有过口渴难耐的经历，便不假思索地说。

“是啊，没水喝很难受，可你把鱼从水里抓出来丢到地上，让它们没水喝，你说它们难不难受啊？而且，鱼是水生动物，比人类更需要水，一旦离开水，很快就会死的。它们拼命甩动尾巴，是因为它们太难受了。”外婆继续开导童童。童童不作声了，沉思了片刻，他对外婆说：“我错了，我以后再不把金鱼丢到地上玩了。”

当孩子做错事时，让孩子学会自己去反省，去总结经验教训，他们便不会再犯同类的错误，效果会比家长一味地斥责要好得多。

（二）引导孩子学会自我反省

要让孩子学会自我反省，就应该让孩子学会总结经验教训，因为总结经验教训事实上就是对自我行为的一种反省。例如，一个孩子用打架来解决与同学之间的矛盾，如果他在打架上吃了亏，他会想：“上次我感到生气的时候是用打架来表达我的愤怒的，结果我被别人打了。那么下次发生这样的情况时，我该怎么办呢？我可以不用打架的方式吗？我应该想一想更好的解决问题的方法了。”

所以，培养孩子善于做自我反省，家长应该注意以下几点：

1. 教育孩子不必对他人的批评大惊小怪

在教育孩子的过程中，我们在提倡赏识教育的同时，也不应放弃对孩子的批评教育。当然，批评孩子的语气要温和，批评孩子的缺点应该中肯。父母还需要告诉孩子，在接受他人批评的时候要认真倾听，保持平和的心态，有则改之，无则加勉。

2. 允许孩子做出解释

当孩子有了过失，父母如果允许孩子对事情做出解释，不仅可以更全面地了解事情的真相，还可以引导孩子进行自我反省。比如，为什么自己的行为得不到别人的认可，是不是哪里做得不好，等等。当然，父母应该让孩子明确的是，允许他做出解释，并不是让他推卸责任。

3. 批评孩子时要诱导孩子反省

父母在批评孩子的时候不仅要讲究批评的方式和方法，而且对其他孩子的评价也要适当，不能过分夸张。父母应该让孩子明白，对待批评，头脑应该冷静，不要过于冲动，但这并不表示默不作声，而是应该仔细反省自己的行为是否有不恰当的地方。

自我反省是孩子成长的一个秘诀。一个不会自我反省的孩子永远也长不大。懂得自我反省的孩子，就等于掌握了自我完善和健康成长的秘方。

06

家庭篇

关爱，从家里人开始

孩子思想单纯，可塑性强，父母的一言一行都会给孩子留下深刻印象，孩子最早的模仿对象就是父母。所以在家中，一方面，父母要积极培养孩子文明礼貌的习惯，引导幼儿关心他人、同情他人和尊重他人；另一方面，也应不断提高自身的修养和素质，努力创造一个温馨、友爱、文明和谐的家庭气氛，潜移默化地熏陶孩子的心灵。

让孩子学会向父母回馈爱

每个做父母的对孩子都很有爱心。父母都记得孩子的生日是哪一天，但至少有一半的孩子不知道父母的生日是哪一天。父母都十分重视给孩子过生日，但又有几个孩子重视父母的生日呢?

现在的孩子很多不知道孝敬父母，但父母却对孩子十分有“孝心”。父母对孩子倾注了满腔的热情，父母对孩子的爱“无可挑剔”；而孩子对父母的爱却仿佛都从人间蒸发了。

实际上，父母都很希望自己的孩子懂得爱，发现爱，做一个好孩子。那么，如何才能发现呢?

（一）爱在生活的点滴之中

其实，爱在于点点滴滴，爱在日常生活当中，爱就在我们的周围，关键看我们能不能发现。父母要培养孩子一双能够发现爱的眼睛，有一颗灵敏的心来感受生活。这时就需要父母的点拨，让孩子想到在这些行为的背后，有一颗颗关爱的心，让他去体谅大人为什么这样做，让他懂得爱、珍惜爱、学会爱。一个有爱心的孩子，就是一个真正的人。

曾有一篇文章讲述的是一位数学老师在上课时，天突然下起雨了。下过雨之后，老师就发现一位奶奶拿着伞在门口等着。这位老师看着奶奶从远处走来，原来奶奶是来给孩子送伞的。老师一下子就动了感情，一下雨，会有多少爱心在体现啊！越来越多的爷爷、奶奶、爸爸、妈妈来送伞，孩子拿着五颜六色的伞，一个个兴高采烈。

这时，数学老师布置了一篇作文题目叫《雨天的收获》。孩子们起初感觉很奇怪，不知道怎样下笔。老师就引导他们说："下雨天会给人们增添许多的麻烦，增添很多担心，但是下雨一下子让人的亲情洋溢，互相关心。"同学们在老师的引导下，突然感觉到生活是这么美好，原来这么多的爱就在身边。

这一天放学时，同学们都有了自己的伞，有一个小女孩拿了大点的伞坐在那里不动，老师说："你为什么不走啊？"小女孩说："老师你没有伞，我和你打一把伞走。"老师感动了，老师觉得这个孩子真是很细心，不但想到了自己，还想到了别人。

其实，文章中讲述的是一件很小的事，但说明的却是一个很感人的道理：孩子们是在爱中成长，在爱中学会爱的。其实，这样的小事在我们的生活中有许多，哪一个孩子的成长不是父母千辛万苦去照料，哪一个孩子生活的方方面面没有父母家人的呵护，这是说也说不完的。

孩子的心灵是最纯净的，他们能从点点滴滴的生活小事中感受到父母的爱心，从而渐渐唤醒内心关爱父母的意识。那么，如何培养孩子心中有爱呢？

（二）把孩子心中的爱挖掘出来

1. 不要让孩子自私

孩子自私，会感觉他吃好东西、拥有好东西是理所当然的，假如孩子习惯了接受，只知道索取，就很难在今后的生活中考虑他人的感受。一个不懂得关爱他人、关爱父母的孩子将来很难成为一个有爱心的人。

2. 不要"有求必应"，更不要"无求先应"

对孩子提出的需求，父母应先思考一下是否合理，假如不合理，则坚决否定，并且要告诉孩子为什么不合理。父母不要预先为孩子承诺的太多，一手包办孩子的成长，面面俱到，不要总想着孩子没有这个、没有那个。假如父母总是包办代替，时间长了，孩子会觉得一切东西都来得太容易了，也不懂得珍惜。

3. 父母要为孩子做出榜样

假如家中有老人，有好吃的先给老人吃，逢年过节给老人送礼物；假如老人离得较远，经常给老人打个电话。要让孩子看到父母不仅对自己有爱，对长辈也有爱。

（三）让孩子学会关爱父母

中外许多家庭教育专家都认为，从小就培养孩子关爱父母的品质，将会对孩子一生的幸福产生十分有益的影响。对孩子实施关爱父母的教育，有助于促进孩子良好社会品质的发展。我们可以根据孩子的年龄，循序渐进地培养孩子关爱父母的品质。

3~4 岁

知道爸爸、妈妈的名字、属相、年龄。

知道爸爸、妈妈很爱自己。

知道爸爸、妈妈是做什么工作的，意识到爸爸、妈妈工作很辛苦。

对爸爸、妈妈有礼貌，听爸爸、妈妈的话，不对爸爸、妈妈发脾气。

能向爸爸、妈妈表示问候、感谢。

自己的事情能自己做。

4~5 岁

知道爸爸、妈妈家务劳动的情况及对家庭的贡献。

在爸爸、妈妈工作、学习、休息时，能不去打扰他们。

能辨认、理解爸爸、妈妈的一些情绪表现。

能说一些使爸爸、妈妈高兴的话。

能把好吃的东西先让给爸爸、妈妈品尝。

能帮助爸爸、妈妈做一点小事。

对客人有礼貌。

5~6 岁

知道爸爸、妈妈的职业和对社会的贡献。

在爸爸、妈妈生病时，能给予简单的照顾。

能预知爸爸、妈妈的一些情绪反应。

能做一些使爸爸、妈妈感到高兴的事情。

乐于承担力所能及的家务劳动。

能帮助爸爸、妈妈招待客人。

能制作节日小礼物送给爸爸、妈妈。

对爸爸、妈妈有信任感和自豪感。

通过家庭事务培养责任意识

让孩子参与家庭事务是家庭教育最有效的方式之一，一来可以让孩子很早地参与家庭决策，给他们思考的机会；二来可以培养孩子动手的能力，培养他们的独立自主的意识；甚至还可以让孩子早日走向社会、早日当家。所以，培养独立自主的孩子，就应该让他参与到家庭事务中来。

（一）大包大揽伤害孩子

据心理学家研究，同龄孩子中，经常参与家庭事务的孩子，要比不参与家庭事务的孩子独立自主的意识、能力强。反之，如果家长经常拒绝孩子参与家庭事务的要求，往往会伤害孩子，从而磨灭孩子独立自主的意识。

镜头一：

父亲：孩子他奶奶病了，你看我们买点什么去比较合适？

母亲：买点水果什么的吧。

儿子：奶奶喜欢吃梨，买点梨吧？

父亲、母亲（异口同声而坚定）：这些事情我们知道安排，不用你操心！

儿子：……

镜头二：

母亲：昨天晚上胃那里又有点儿不舒服，不知道是不是胆结石的原因。

父亲：去医院看看吧？

儿子：我以前听医生说过，早上起来喝一杯柠檬水对消除胆结石很有好处，妈妈你要不要试试？

母亲：你不用操心我，我自己的身体自己知道！

儿子：……

镜头三：

母亲：昨天晚上太忙了，没有顾得上洗碗筷，现在我得赶快去洗了。

父亲：我帮你洗吧，你昨天那么累，睡得又那么晚，现在也没有休息过来。

儿子：我帮妈妈洗吧，反正今天休息，也不着急做作业。

母亲：你不用操心我，洗碗筷之类的家务不用你来做，你的任务就是学习，直到你考上大学。

儿子：……

这样的场景几乎发生在多数中国家庭里，父辈对于家里的事务大包大揽，极少听取孩子们的意见和建议。这无疑是对孩子心理健康成长的一个迎头痛击，对孩子的独立自主及其自尊心和自信心的沉重打击。

有些家长不让孩子参与家庭事务，是怕孩子分心，读不好书。其实家长这样做，反而是剥夺了孩子的实践机会。这些生活在纯知识、纯理论世界里的孩子们，一旦让他们面对实践，他们会无所适从。

而且这样长大的孩子，走出家庭，走入学校和社会，会对自己的想法甚至行为产生怀疑和不自信，在同学、同事面前也不敢说出自己的想法。久而久之，孩子就成了一个唯唯诺诺，做事没有判断力，没有自己的想法，只能跟在别人后面做应声虫的人。

（二）参与家庭事务并不影响学习

家长在教育孩子的时候，要注意让孩子多参与家庭事务，不能认为孩子参与了家庭事务就会分心，读不好书。尤其是在孩子还小的时候，就要让孩子在家庭事务中去体会生活，以培养他们独立自主的能力。

张红一家是某镇普通农民家庭，夫妇膝下有一儿一女。农闲时丈夫去放羊除草，张红则到镇上为人修鞋、擦鞋补贴家用。儿女很懂事，他们放学一回家，就抢着帮忙做家务。

张红说，她第一次意识到让孩子做家务的重要性，是在儿子小吉读二年级的时候。当时张红在田里插秧，太阳很晒她也很累，好不容易干完活回到家里，儿子小吉却说，妈妈，我好饿，你快给我做饭吧。你这么晚回来，看来你在田里弄泥巴一定很好玩，我也想去。

小吉的话给了张红很大的触动，她认为一味地让孩子学习，不让孩子干家务，孩子不仅动手的能力差，而且独立自主的能力也有限，更为重要的是不会了解父母的辛苦。

自此以后，张红不断给孩子们灌输一个概念：一个家庭里的各种家务活，应该由所有家庭成员共同负责，小孩不能例外，只是分工不同。孩子们学会了做各种家务活，煮饭、自己洗衣服，后来家中的农活没有干完，孩子也会主动帮着干。

在家里，两个孩子都要做一定的家务，但这些并没有影响到孩子的成绩。张红说，女儿目前读高二，成绩在年级名列前茅；儿子小吉上五年级，成绩一直是班级前五名。

很多家长有个误区，认为成绩是最重要的，家务活父母亲全干了，其实如果让孩子一心读书，反而对孩子成长不利。孩子做家务并不影响学习成绩，且做一些必要的家务能促进孩子健康成长。

由此可见，做家务是最简单易行的家庭教育，要让孩子从小养成做家务的习惯，而不应担心孩子做不好或受到伤害。如果家长这样认为并包办孩子的事情，最终只能是害了孩子。

（三）放手，让孩子参与到家庭事务中来

当孩子慢慢长大，他就会希望像大人那样，承担一定的义务，父母应该注意这一点，让孩子参与到家庭事务中来。

1. 培养孩子的参与意识

父母在平时谈论问题或商量事情时，都要有意识地问问孩子，如“你觉得这个建议好不好？”“你认为这样东西该买不该买？”“你知道我们为什么这样做吗？”这样可以使孩子逐渐关心家庭中的事情，并产生参与的意识。

2. 教给孩子一些参与的方法

刚开始让孩子参与决策时，孩子会说“我也不知道”，“我听你们的”，或者“你们说怎么办就怎么办”。这说明孩子还不知道如何参与，父母就要教给他一些参与的方法。比如让孩子联想以前父母是怎样办的，让他再想个办法等。

3. 让孩子从小就参与家庭事务

在孩子小的时候，家长就应该让孩子做一些力所能及的家务事。即使孩子还不能独立完成，也要让孩子跟着家长做一些力所能及的事。稍大一些后，就应该让孩子独立完成一些家务事。

4. 让孩子从小参与家庭的人际交往

家长应让子女参与家庭的人际交往，学会尊重人、体谅人，学会宽容待人。这样的活动，不仅不会影响孩子的学习，还可以培养孩子的优良品质。

一个人的责任心往往就是看到自己的行为与他人的幸福安危有直接因果关系时才建立起来的。很多父母不让孩子参与家庭事务的决策，是大错特错的事。当孩子从小被当作平等的人来对待的时候，家里的一些事和孩子商量，尽管孩子太多问题几乎不懂，但是他会感觉被尊重。他是家庭的一员，他的行为对家庭有影响。而这种感觉对孩子来说太重要了！

尊重孩子的意愿，允许孩子实施自己的知情权和参与权，这样才能让孩子感觉到他在家庭中的重要性，从而建立起对家庭的责任感，培养他的主人翁意识和大局观。

做家务可以培养孩子的美德

从小参加劳动的人，即使只在家里做一些简单家务的人，生活得也要比没有劳动经验的人更充实更美满。

劳动不仅能够造就一个人，而且能够给人以快乐和幸福。哈佛大学曾经对波士顿的 456 名孩子进行了跟踪调查，了解他们的生活经历和成长过程。在这些孩子进入中年的时候，研究人员对他们的生活进行了分析，结果发现，不管这些人的智力、家境、种族或受教育的程度如何，也不管他们遇到多少困难和挫折，从小参加劳动和工作的人，即使只在家里做一些简单家务的人，生活得要比没有劳动经验的人更充实更美满。劳动使孩子获得能力，生活上就独立；在面对挫折时，孩子善于以独立的积极的心态去面对。因此，父母要重视培养孩子劳动的习惯。

（一）孩子做家务的意义

对大人来说，家务似乎只是苦差事。不过，让孩子从小练习做家务，不仅能为父母分忧解劳，对他未来的发展也有相当大的帮助。

美籍华人赵锡成出生于上海，现任美国福茂集团董事长。他共有六个女儿，其中长女赵小兰现任美国劳工部部长，是华裔在美国政府职位最高者，四女儿赵小甫现任通用集团副总裁法律顾问，五女儿赵小婷在哥伦比亚大学攻读教育学博士学位，小女儿赵安吉毕业于哈佛商学院，现任福茂集团副总裁。

赵锡成介绍，他一直很注重培养孩子的独立自主能力。尽管家庭经济条件不错，但是他并不想让孩子娇生惯养，养成不劳而获的坏习惯。从很小起，他就要求六个女儿在家里分担家务。如，每天早晨，她们要出去检查游泳池的设备，打捞水上的脏东西；到了星期日，则要整理两英亩的院子，把杂草和蒲公英拔掉。小女儿赵安吉在未成年时，就已经负责处理家里的账单，将圣诞卡的邮寄名单输入电脑，并接听晚上的电话。

事实正像美国育儿专家伊丽莎白·潘特丽所说的那样："给孩子布置家务是让孩子建立自我价值感和相信自己能力的一种最好的方式，习惯于承担家务的孩子，在走向成年的过程中，往往比那些缺乏这种体验和责任感的孩子更容易适应生活。"大体上说，培养孩子做家务的能力，起码可以给他们带来以下四个方面的好处：

1. 锻炼和发展孩子的动作技能

对于孩子来说，家务劳动是挑战，尤其是年龄小的孩子，因为他们的动作技能尤其是精细动作不是很发达，需要综合各种动作来完成某项家务劳动。比如，一个两到三岁的孩子，妈妈让他把拖鞋拿过来。在这个过程当中，他需要行走的动作，需要拿东西的动作，还有要将物品放到指定位置的动作，在这一系列的动作当中，他的动作技能得到了锻炼和提高。

2. 促进孩子认知能力的提高

家务劳动往往整合了很多认知技能，有分类的能力、对数字的概念，还有颜色、形状等。比如：五六岁的孩子刷碗、盘子，刷完之后他要分类来放，同时他可以说出刷了三个盘子、四个碗，这又是一种数的概念。包括碗的颜色是什么，形状是圆形的，还是椭圆形的。

3. 增强孩子独立生活的能力

不管孩子多小，他都是一个独立的人，需要有独立生活的能力，力所能及的家务劳动对培养孩子独立生活的能力很重要。

4. 培养孩子的责任感

在家庭中，家长应该有意识地让孩子感受到他也是家庭当中的一分子，有责任和义务为这个家做些什么，擦桌子、洗菜、扫地这些家务劳动是他的义务，而不是帮别人干活。要让孩子感到自己是有用处的，这样就会让他产生自豪感和责任心，随着年龄的增长和社会接触面的扩大，这种责任心和自豪感会不断地增强。

（二）孩子不做家务不是小事

有的家长把让孩子帮助自己做家务，仅仅看作是帮自己的忙。因为自己有时间可以把家务做得很好，就不让孩子做。有的家长让孩子帮着做，孩子刚开始往往是帮“倒忙”，于是就不再让孩子干了。更多的父母在孩子小的时候总是舍不得让他们一起参与家务，这样，孩子会养成“家务活可以不必干”的习惯，或者用“不会干”、“干不好”为理由来推脱。这种好逸恶劳的习惯一旦养成，对孩子身心的健康成长都会起到一个消极的影响。

调查显示，中国城市家庭独生子女每日平均劳动时间仅为 11.32 分钟，不及美国孩子的 1/6。60％的独生子女从未或很少做洗碗、洗衣服等家务。在家里，家长包办孩子的一切；在学校，老师也很少安排劳动。这样一来，孩子的动手机会减少，生活自理能力降低了，也会逐渐使其厌烦劳动。

孩子做不做家务劳动看似小事，但却会引发一系列的不良后果。

1. 不做家务劳动的孩子，往往动手能力弱，眼高手低。对于孩子来说，劳动实践是学习知识、了解认识社会的重要途径，孩子日常的家务劳动锻炼，正是一次难得的学习机会。如果一个孩子的记忆中只有书本知识，而没有运用这些知识指导实践的体会，也很难激发孩子进一步的求知欲望和热情。

2. 不做家务劳动的孩子，往往依赖性强，缺乏自主性。孩子的劳动习惯与自主、自理能力是连在一起的。有关分析表明：家务劳动时间与孩子的独立性有显著关系，也就是说，孩子的劳动时间越长，其独立性就越强。试想一下，一个没有任何劳动机会、在家里什么活儿都不会干的孩子，当他离开父母的时候，怎么能够自如地生活在复杂的社会？更不要说在这个社会中有所发展了。

3. 不做家务劳动的孩子，往往缺乏同情心。如果孩子一点儿家务劳动的经验都没有，他就体会不到父母劳动的艰辛。父母为家庭、为孩子的付出，他也会认为那是理所当然的。孩子这样的思想就会在无形之中为亲子沟通设置障碍，使得父母终日辛劳而不得解脱，难以得到孩子应有的情感回报，让人心生“可怜天下父母心”的感慨。

家务劳动是孩子们可以参与的劳动内容之一，它既能养成孩子的劳动习惯和自立意识，促进孩子学习独立生活的本领，还能增强参与家事的意识，留恋、珍惜家庭的安宁和融洽，从后者着眼，鼓励孩子做点家务劳动更有其深刻意义。

（三）让孩子爱上做家务

当然，有很多孩子并不愿意主动自觉地去做那些看起来枯燥的家务活，父母们不妨动些心思，把家务活变为快乐的活动，这样既能让孩子参与进来，亲身感受到父母做家务的状态，也能从家务中获得乐趣。

1. 先从孩子最喜欢的项目开始做起

有的大人觉得洗碗很有成就感、有的大人喜爱熨衣服、折衣服的感觉，大人们都有自己想做的事情，孩子也是一样。总之，先挑一件可以让孩子感到愉快的家务做起。

2. 在精神上对孩子进行嘉奖

有些孩子自尊心强，怕自己做得不好，所以拒绝做家务，这时父母要多些口头的鼓励与奖励，例如“我知道你好能干，你是很有本事的。”在以安全为前提下，放手让孩子去做，去尝试，但是必须事先将原则说清楚。

3. 陪孩子一起做

如果孩子对书籍有兴趣，此时，可以请他帮忙收拾书房，或指导他将书分类放好，这工作比要求他去扫地来得有效多了。此外，可陪孩子一面工作、一面聊天，甚至交换彼此的心得，以增加工作情趣。

4. 肯定孩子的努力

孩子参与家事可以让他感到自己是家里的一分子，以身为一分子为责任与义务，增加对家庭的归属感，家长要让孩子有参与家事的机会，并多给予鼓励、赞美，使孩子从工作中得到成就感及自信心，且肯定自己的能力，并从做家事中培养责任感及积极的人格。

5. 多加练习

很多爸妈由于赶时间上班，没时间和孩子磨蹭，看孩子做得慢且糟，就干脆自己来做。其实，爸爸、妈妈可以利用晚餐后的时间慢慢教孩子，并试着让他自己来做，自然就熟能生巧了。

从小就要教孩子学会孝敬

中国有句古语：“百善孝为先。”意思是说，孝敬父母是各种美德中占第一位的。一个人如果都不知道孝敬父母，就很难想象他会有多大的成就。

孝敬父母是中华民族的传统美德，是做人的起码规范，不会孝敬父母的人，在社会上就不会宽容别人。连自己的父母都不能孝敬的人，一定是一个自私自利的人。

（一）孝敬父母是子女一切良好品德形成的基础

孔子把孝放在一切道德的首位，视为“立身之首”，“自行之源”。当代不少伦理学家把孝敬父母看作是人生处理人际关系的第一台阶，是做人的基本要求，是关心他人、热爱祖国品德形成的基础。

如果有一个打爹骂娘的人，在那里大声吹嘘，他对同志如何有礼貌，如何尊重朋友，会有人相信吗?

一个连自己的母亲都不爱，动不动就对母亲牢骚满腹、怒气冲天的人，却在那里高呼自己热爱祖国，周围的人绝不会相信他，不管他说得多么冠冕堂皇。他喊得越响，讲得越振振有词，论证得越符合逻辑，那他骗人就骗得越厉害，他就是越想从高呼口号中捞取个人的私利。

我们教育孩子孝敬父母，决不单是骨肉亲情小事，而是为孩子负责，为了使孩子在同学中有朋友，有知己，有自己人格的尊严，同时也是对社会、对国家负责。

我们不站在做父母的角度，就是站在孩子的良师益友的角度去分析这些道理，他也会很容易明白这是为了他好。

（二）严爱适度是为了孩子好

对孩子严爱适度，不娇纵，有利于培养孩子良好的生活习惯。教育孩子孝敬父母、孝敬老人，一方面是为了父母，但更主要的方面，还是为了孩子活得更有尊严，为了孩子成为受朋友、受他人推崇的堂堂正正的人。一个爱顶撞父母、不孝敬父母的人不会受到他人的尊重，好人也不会和他交朋友，长大了，人们也不会乐意与他共事。留心一下周围的孩子，我们不难发现有些孩子已明显地表现出对父母缺乏理解和尊敬。

倩倩今年八岁了，爸爸妈妈对她宠爱有加，倩倩虽然很喜欢自己的爸爸、妈妈，却不知道去心疼他们。每天晚上，爸爸、妈妈拖着疲惫的身体回到家里，倩倩还硬要父母陪她玩“骑大马”，边玩还边催促着做晚饭。

倩倩的爸妈经常为此而感到伤神。他们也明显地意识到，自己对孩子的宠爱让倩倩丧失了孝敬父母的意识。

于是，倩倩的爸妈决定：从生活小事做起，培养倩倩的这种意识。

有一次，倩倩来了兴趣，要尝试自己洗碗筷。若放在以前，妈妈是不会答应的，可是，这一次妈妈痛快地答应了倩倩。第一次洗碗筷，倩倩感到十分费劲，力气大了，怕碗碟破碎，力气小了，怕洗不干净。

倩倩这时问起妈妈：“妈妈，你平时刷锅洗碗也这么累吗？”妈妈说：“虽然我力气要比你大些，不过每次洗那么脏的碗筷，也是很累的。”倩倩听完后，想了想说：“妈妈，我现在长大了，以后我来洗家里的碗筷吧。”

妈妈听了倩倩的话，心里不知有多高兴，并立即夸奖倩倩说：“女儿懂事了，知道心疼妈妈了。”听了妈妈的夸奖，倩倩高兴地笑了。从此以后，倩倩变得懂事多了，知道主动帮爸爸、妈妈承担一些家务。对于自己的爸爸、妈妈，倩倩也懂得关心与体贴了。

其实，孝敬父母不是单一的习惯问题，它也体现出一个孩子能否关心他人、设身处地地为他人着想。我们作为家长心里非常清楚，如果一个孩子连最基本的孝敬父母都做不到，以后是不可能做好任何事情的。因此，我们一定要重视培养孩子孝敬父母的好习惯。

（三）从小就要培养孩子的孝心

孩子的孝心需要从小培养。面对孩子，不要抱着“树大自然直”的侥幸心理，从小培养孩子的孝心，大了他们才会懂得关心老人孝敬老人。

1. 让孩子知道父母为孩子和家庭付出的辛苦

让孩子了解父母通过劳动给自己的一切是用心血汗水换来的，要百倍珍惜，并要有感激之情。父母应根据孩子的年龄，所提出的问题，决定让他们了解家庭经济问题到什么程度。家境困难的，使孩子了解家庭的经济状况，懂得生活应该俭朴，与父母共同克服困难；家庭富裕的要让孩子知道富裕的生活是父母辛勤劳动换来的，要在学习、品德上努力上进，珍惜父母的劳动所得。

2. 具体要求和训练孩子孝敬父母的行为

教育孩子孝敬父母不是抽象的说教，而是有具体内容的训练。如教孩子学会根据性别年龄称呼“叔叔”、“阿姨”、“老爷爷”、“老奶奶”等；听父母说话时要认真，眼睛不东张西望，不插嘴；父母批评时不顶嘴，不任性；在家要当父母的小帮手；要知道父母的生日，主动为父母祝贺生日；有好吃的，先让父母尝等。孩子从小事做起，天天训练，就可以形成习惯。

3. 要持之以恒

对孩子的正确要求应坚持到底，不能紧一阵松一阵。不高兴时对孩子要求过严，高兴了又恨不能把孩子捧在手心里，什么也不让他们干。不连贯或不一致的教育方式会影响孩子良好习惯的形成。

4. 父母要以身作则

孩子对父母的态度在很大程度上受到父母对祖父母外祖父母态度的影响。所以，教育孩子孝敬自己，为自己分忧解难家长应以身作则，成为孩子学习的表率。

5. 营造民主和谐的家庭气氛

你慈子才能孝，严厉过度的父母只会培养出表面温顺，背后倔强的孩子。孩子对父母的孝敬并不妨碍家庭里面的民主，而且，只有在民主气氛下培养出来的孩子才会真正理解父母，站在父母的立场和角度为父母分忧解愁。

中国的很多家长，只知道为孩子付出，却从来没有教育他们感恩和回报，这是大错特错了。古人云“百善孝为先”，培养孩子的孝心是教育孩子学会做人的第一步。为了我们自己，也为了社会，为人父母者，千万不要把孩子宠惯成一个没有爱心的自私、冷酷的人！

及早对孩子进行感恩教育

就社会现状来看，感恩目前已经是我们社会中一种比较稀缺的品质，尤其是在孩子身上，这是一件令人忧虑的事情。现在的孩子由于得到了太多的宠爱，以至于他们把这种享受当作理所当然，好像生来就该如此。其实，没有什么是生来就该如此的。孩子的成长与成熟，是家人与师长的付出，不断地进步与发展是社会资源和财富提供的帮助，每个人的生命都和别人的付出息息相关，所以孩子理应学会感恩，长大以后也应为社会和他人付出。得到与付出促成了社会进步的良性循环，而成因是这循环的动力。

（一）感恩的意义

学会“感恩”，对于现在的孩子来说尤其重要。因为，现在的孩子都是家庭的中心，他们心中只有自己，没有别人。要让他们学会“感恩”，其实就是让他们学会懂得尊重他人。当孩子们感谢他人的善行时，第一反应常常是今后自己也应该这样做，这就给孩子一种行为上的暗示，让他们从小知道爱别人、帮助别人。学会感恩，先要学会知恩，要理解父母的养育之恩，师长的教诲之恩，朋友的帮助之恩。西方的感恩节就是要教化人们学会感恩。让孩子学会感恩，关键是通过家庭、学校的教育，让孩子学会知恩、感恩。

感恩的心有助于孩子建立良好的品质，有益于孩子与人顺利交往。不知道感恩的孩子在长大以后也难以赢得别人的尊重、好感和支持。如果孩子认为他人给予的帮助是理所当然的，不用感恩，那么在无意间就会带来副作用。

一位母亲在为孩子操办一个盛大的生日派对后，孩子却不领情，直埋怨母亲这里做得不好，那里做得不好。母亲觉得很伤心，问自己的孩子："母亲花这么多钱和精力筹办这个生日晚会，你有没有感恩的心？"

孩子说："你办得好，当然我会感恩，但是你没有办好，我为什么要感恩。"

"就算你不满意，但是母亲这么辛苦，你就没有一点感恩之情吗？"

"我不觉得这很辛苦啊，为什么要感恩？"

"这个不辛苦，但是母亲生你，就不值得你感恩吗？"

"你们结婚生我，不是为自己也开心吗，我为什么要感恩？"

母亲语塞，哭了起来。

在生活中，很多孩子认为，接受父母给他们准备的一切是理所当然的。而不少父母也不遗余力地爱自己的孩子，甚至超出了他们的能力，但他们的付出不仅没有换来孩子的满心感激，孩子还总觉得自己不幸福。稍有不如意，就怨天尤人。为什么会出现这种情况？主要原因是家长们忽视树立孩子的感恩意识。

（二）懂得感恩的人别人才愿意帮助

接受过感恩教育的孩子，知道感谢他人为自己所做的一切，哪怕是很小的事情，孩子也能从中体味到人与人之间的相互关怀所带来的温暖和快乐。

有个九岁的盲童。那一天，是妈妈的生日，她送给了妈妈一份礼物——一张一点一点地扎上盲文的生日贺卡。她的妈妈看不懂，就请人翻译。贺卡上是这样写的："亲爱的妈妈，谢谢您把我养大！虽然我看不见您，但我永远爱您，感谢您——妈妈！"妈妈捧着贺卡哭了。她觉得自己为她所付出的一切都是非常值得的。

有个七八岁的聋哑女孩。有一天，她自己背着书包去上学。公共汽车上人比较多，她差点摔倒。这一幕被一位男士看到了，他急忙上前扶了她一把。女孩上了车，刚站稳就向这位男士打起了手势，帮助她的男士并不明白是什么意思。过了一会儿，男士要下车了，女孩连忙跑了过去，塞给他一张小纸条。男士打开一看，只见上面歪歪扭扭地写着一行字：谢谢，谢谢叔叔！

有一位归国的老华侨想资助一些贫困地区的学生，于是，在有关部门的帮助下，给多个有受捐助需要的学生每人寄去一本书，随书将自己的电话号码、联系地址以及邮箱等一同寄出。老华侨的家人很不理解老人的做法：为什么送一本书还要留下联系方式？在家人的不解中，老人一直焦急地等待着什么，或是守在电话旁，或是每天几次去看门口的信报箱，或是上网打开自己的邮箱。直到有一天，一位收到书的学生给老人寄来祝贺节日的卡片（也是唯一与老人联系的学生），老人高兴极了，于当日给这位同学汇出了第一笔可观的助学资金，同时毅然放弃了对那些没有反馈消息的学生的资助。这时家人才明白，老人是在用他特有的方式诠释"不懂得感恩的人不值得资助"的道理。

一个懂得感恩的人，才是具有良好修养的人。福报来自于心，来自付出的心，也来自报恩的心。一个人懂得报恩，自然有人愿意帮助，如果忘恩负义，谁还愿意对其施以援手呢？如果一个下属不懂得感恩，就不值得提携；如果一个员工不懂得感恩，就不值得重用；如果一个孩子不懂得感恩，就是家庭教育失败。感恩是一种能力，更是获得能量与能力的途径。

（三）给孩子一颗感恩的心

让孩子学会感恩，关键是通过家庭、学校的教育，让孩子学会知恩、感恩。只有这样，才能让孩子以平等的眼光看待每一个生命，尊重每一份平凡的普通的劳动，也更加尊重自己。只有知道感恩的人，他的一生才会少了许多怨天尤人的不平。

在家庭教育方面，爸爸、妈妈可以通过以下方法，将孩子的感恩之心诱导出来：

1. 从生活点滴中入手

对于让孩子懂得感恩的教育，父母应该从日常小事入手对孩子进行培养。比如妈妈帮孩子洗了苹果，就应该让孩子说声“谢谢”，而当孩子帮妈妈拿了东西，妈妈也应当说声“谢谢”。这样久而久之，孩子就会养成感恩的心理。

2. 让孩子知道你对他的爱

如果家长只知道奉献，只知道安排孩子的衣食住行，而不知道把自己的爱与希望呈现给孩子，孩子便不能深刻体会到家长的爱。家长应让孩子知道家长对孩子的爱之深，从而激发起孩子的爱心，引发他们来自内心的更深刻的感恩情怀。

3. 给孩子做个好榜样

父母如果想要教给孩子感恩，首先自己就要有感恩的心，对自己的父母孝顺，不满嘴的抱怨，对帮过自己的人充满感激，这样孩子才能愿意接受感恩的教育。

在日常生活中，家长应当经常把“谢谢”这个词挂在嘴边，而且教自己的孩子要学会感谢别人的帮助，即便只是一个非常小的帮助，也要对别人说谢谢。这样，孩子耳濡目染，自然就会成为一个懂得感恩的人。

4. 理性地爱孩子

对孩子提出的要求，父母应先思考一下是否合理，如果不合理，则坚决拒绝，并且要告诉孩子为什么不合理，给孩子一些经受挫折的机会。不要孩子想星星就一定给他星星，想月亮就一定给他月亮，应该让孩子自己去争取自己需要的东西。当孩子通过一些努力获得所需的时候，他才会知道在父母的爱和保护下是幸福的。

5. 给孩子讲讲自己的艰辛

每一位父母养家糊口、教育孩子都不容易，但父母们却总是给孩子一张笑脸，给孩子一些超脱的环境，怕艰难的现实生活会给孩子带来压力。其实，如果父母们能经常告诉孩子一些自己的苦恼，那么孩子就会在体谅和感恩中渐渐长大。

6. 扮弱，让孩子由被爱向施爱转化

如果父母总能把每件事做得又快又好，那么孩子就没有机会插手帮忙。久而久之，孩子便习惯了接受，他所有的需要都被父母无条件地满足了，理所当然地认为什么事情都应该先满足他，认为别人的给予都是应该的。

扮弱就是为了让孩子知道父母不是万能的，让孩子由被爱向施爱转化，从感激父母、牵挂父母，到想为父母做事，回爱父母，形成健康、完整的爱的循环。

7. 利用节日进行诱导

一些节日是对孩子进行感恩教育的最好时机。可以事先跟孩子说：

“过节了，爸爸、妈妈辛苦这么久了，你是不是该感谢一下父母？”接着可以帮助孩子一起动手做一份“专属礼物”。当收到礼物时，要记得对孩子的努力表示感谢，这能让孩子从被感谢中感到快乐，从而更愿意去帮助别人。

8. 让感恩之心进一步升华

感恩是广泛而深刻的，要引导孩子从感恩父母开始，学会感恩学校、感恩他人、感恩社会，促进孩子形成良好的思想道德品格和健全的人格。

告诉孩子在得到别人帮助的时候，哪怕得到的帮助是微不足道的，都别忘了说声“谢谢”。请家长记住：从小就没有感恩之心的孩子，长大以后就会成为一个自私自利的人。感恩之心、感激之情，就像燃烧的火焰，会照亮孩子的一生。

良好的用餐习惯要从小培养

在生活中，我们经常会看到孩子在餐桌上做出一些不礼貌的事情，很多父母为了不让孩子着急，会按照孩子的要求，满足孩子所有的不礼貌行为。但是，如果时间一长，肯定会使孩子养成不好的习惯。作为家长，我们应该教会孩子一些日常的就餐礼节，这样不仅仅是为了让自己有面子，更是为了孩子以后能够更好地成长。

（一）餐桌礼仪的重要性

某企业老板请客人吃饭，叫两个新来公司的大学生陪同，客人是南方人，吃菜的口味比较清淡，所以点的菜都比较符合客人的口味，但是新来的大学生都是四川人，喜欢吃辣的，于是就不断地抱怨着没有他们喜欢吃的菜。老板心中虽然不高兴，但也不好发作，就又点了两道辣一点的菜。结果这两道菜上来以后，就被这两个大学生“霸”在自己面前，自顾自地边聊边吃，旁若无人。吃罢，还赞叹道“就这两个菜还不错”。回公司后老板没做任何解释，就将这两个大学生立即解雇了。

一个人的吃相，反映了这个家庭的家教，一个人如果被人家说“没家教”，这个人是很难有所成就的，没文化和没家教一样被人看不起的。

爸爸、妈妈之所以应该重视餐桌礼仪是因为：

1. 有礼貌的孩子是很受欢迎的孩子，人喜欢花时间与那些有礼貌而不是粗鲁无礼的人待在一起。那些不具有良好的餐桌礼仪的人将发现自己被排除在邀请名单之外，即使被邀请也发现他人的排斥。

2. 教孩子良好的餐桌礼仪，展示了社交礼仪的理解和尊重他人，让孩子意识到礼仪的价值。良好的餐桌礼仪为孩子其他习惯的发展奠定了基础，这将对他们有利。他们这种成熟的礼仪举止，使得孩子更容易受欢迎，这又促进了孩子其他技能的发展。

（二）饭桌上到底该教什么

1. 参与意识

饭前让孩子去分发筷子、勺子，饭后让孩子帮忙撤盘子、抹桌子……这些力所能及的小家务孩子完全可以胜任。通过参与家务，慢慢培养孩子的家庭责任感，让孩子知道家庭中的成员就要学会分担，谁都没权利随便要求别人伺候自己！

2. 进餐礼仪

一个孩子的家庭教养和人品，往往在餐桌上一览无余。良好的进餐礼仪，对孩子的人际交往以及未来的成长发展都有莫大帮助。一个吃饭护食、满盘子乱翻的孩子，往往比较自私、小气，到哪都招人厌。所以，家长们一定要把基本的礼貌告诉孩子：主动帮长辈摆碗筷；等长辈入座自己再坐；不许把好吃的菜拉到自己跟前；夹菜的时候不许满盘子乱翻；尝过的东西不能再放回盘子里……

3. 吃饭自理

孩子 3 ～ 4 岁的时候，基本就该自己吃饭了，给孩子一把小勺子，然后就不要过多地去干涉他了，吃什么、吃多少，都让孩子自己决定。当孩子不愿意再吃的时候，就放他一边玩去吧，千万别逼他多吃，或者端个碗在屁股后头跟着喂。因为这样既不容易培养孩子良好的饮食习惯，也不容易培养孩子的独立自主能力。很多青春期过度肥胖的孩子，往往跟此有关。

4. 时间观念

做任何事情都有时间限度，一顿饭，坚决不能让孩子无限制地吃下去。一个从小吃饭磨磨蹭蹭的孩子，长大以后也容易遗留磨蹭、拖拉的毛病。所以，吃饭的时候尽量关掉电视、手机，全家一块儿专心地吃饭，讲讲开心的事，聊聊学校、公司的见闻，让一顿饭气氛轻松、时间适度。

（三）培养餐桌礼仪的原则

1. 要具备应有的耐心

当孩子在吃饭的时候，总是出现一些不礼貌的行为的时候，父母应该耐心地给予孩子教导，即便说一次孩子还是无法改正，也不要对孩子失去信心，对孩子大喊大叫，应该耐心地教授孩子。

2. 父母也要守规矩

可能对孩子来讲，这些餐桌上的礼仪就是规矩，就是一种约束，但是父母在教育孩子的时候，也要遵循这些规矩，只有自己也遵循这些规矩的时候，孩子才会心甘情愿地去按照你说的去做，如果连父母都做不到，那么孩子还怎么可能去照做呢?

3. 具体行为要用不同的教育方式

家长如果发现自己的孩子有很多的不礼貌行为，那么也不要选择一种教育方式，更不要指望这种方式能够让孩子瞬间改掉所有不好的习惯，所以说在这个时候，我们应该选择适当的机会，选择适当的方式来教育孩子。教育也是需要多姿多彩的。

4. 不要在饭桌上骂孩子

人的食欲受心情影响很大，心情愉悦时，自然胃口比较好，吃得也多；心情压抑时，便没心思吃饭。这个简单的道理，我们父母都懂，可是一旦到了孩子身上，我们却往往忽略了这个问题。当孩子在餐桌上挨训心情糟糕时，往往为了逃避，草草吃几口就离开了。这种情况下，孩子不能像平时那样细嚼慢咽，甚至连口汤都不喝，肯定会影响正常消化。而且时间一久，孩子就会把“吃饭”和“挨训”联系在一起，变得对吃饭比较排斥，严重者还会引发厌食。

（四）教育孩子吃要有吃相

吃是孩子的本能，不同的孩子有不同的“吃相”。其实，每个孩子从他在餐桌上的“吃相”，都可看到他背后家庭的文化，教养和每个人的修养品位，当然这不是即兴“表演”，而是家庭长期熏陶的结果。

现在，不少孩子在餐桌上根本没有吃相可言，他们在餐桌上缺乏礼仪教育的“原生态”表现，甚至让父母陷入尴尬境地。

陈先生家来了几个客人，陈太太准备了一桌佳肴款待客人。菜一上齐，陈太太让儿子招呼客人上桌，没想到，儿子不仅没招呼，还自顾自地一屁股坐下，拿起碗筷就吃，让陈先生夫妇很恼火。

许女士一个外地朋友请吃饭，服务员走过来点菜时，孩子很习惯地问道：“姐姐，有没有大虾啊，我喜欢吃大虾……”许女士觉得很不好意思，朋友不过意，一定要给孩子上一份有点贵的虾。不巧，大虾没有了，孩子又嚷着要吃螃蟹，更不巧的是，因为去晚了，螃蟹也没有了。孩子居然哭闹起来，整个餐厅都听见孩子说："我要吃螃蟹，我要吃大虾！"那一餐饭，吃得许女士恨不得在地上挖个洞钻进去。

俗话说："冰冻三尺，非一日之寒。"当我们因为孩子的吃相感到尴尬时，我们有没有反省过，当孩子第一次说这样的话、做那样的事时，我们是及时制止，还是一笑了之或不予理睬？有时候，是我们在不知不觉中助长了孩子的无礼与粗鲁。

那么，在日常生活中，我们应该教会孩子哪些基本的用餐礼仪呢？

《常理举要》中对于用餐有专门的条目：

1. 座有次序，上座必让长者。

2. 入座后不横肱（手臂横在桌子上叫横肱），不伸足。

3. 主先举杯敬客，客致谢辞。

4. 主人亲自烹调，须向主人礼谢后食。

5. 主人敬酒毕，正客须回敬主人。

6. 举箸匙，必请大家同举。

7. 用箸夹菜，只取向己之一方者，不立起向他角器中取菜。

8. 箸匙不向碗盘顶心取菜取汤。

9. 公食之器，不用己箸翻搅。

10. 匙有余沥必倾尽，方再入公食器中。

11. 自己碗中之肴菜，不可反回公器中。

12. 箸匙所取肴菜，不倍于他人。

13. 食勿响舌，咽勿鸣喉。

14. 公食以不言为原则，须言亦应避免唾沫入公器中。

15. 咳嗽必转身向后。

16. 勿叱狗，不投骨于狗。

17. 碗中不留饭粒。

18. 不对人剔牙齿。

19. 客食未毕，主人不先起。

20. 起席，主逊言慢待，客称谢。

21. 宴毕，主人进巾进茶。

如上所列也还只是一个大概，更多的用餐细节，只能在生活中点滴浸润，裨益其学。

07

校园篇

让老师和同学都为孩子鼓掌叫好

良好的校园行为，是保证孩子顺利学习的前提，也是树立健康人格的基础。在学校，有了良好的文明行为习惯，才能构建出优良的学习环境，创设出优良的学习气氛。在日常生活中，父母应注重孩子良好校园行为的培养，为孩子学习、生活的和谐稳定，铸造一个良好的基础。

尊师是孩子必须具备的优良品德

中国教育一直以来都讲求尊师重道，以前很多孩子常被教诲“一日为师，终身为父”，他们在学生时代都很尊敬老师、守规矩。然而，近几年出现了学生对老师出言不逊的新闻。尽管这有可能是个别老师有些做法失当，但现在的学生个性越来越“独立”，越来越“不听话”也是不争的事实，在他们心目中，老师的地位似乎已经没有以前那么重要了。

（一）孩子不尊重老师的原因

1. 孩子和老师在交流中发生了问题

课堂上，学生人数比较多，老师无法给予每个孩子相同的表现机会。时间长了，有些孩子就会因为很少被老师提问，或很少受老师表扬，甚至很少有和老师说话的机会，从而认为老师偏心、不重视自己。或者老师在处理学生之间的问题时，有时会无意中冤枉了孩子，伤了孩子的自尊。比如上课时，因为孩子的同桌说话，扰乱了课堂纪律，结果老师判断失误，严厉批评甚至惩罚了孩子而没批评同桌，孩子感觉很委屈，耿耿于怀，甚至产生怨恨情绪，与老师感情逐渐疏远。

2. 孩子对某学科缺乏兴趣

这有可能是由老师授课水平造成，也可能是由孩子接受能力的不同造成。尤其是孩子会对某些学科感兴趣、喜欢学，这些学科的成绩自然好。

而对不感兴趣的学科，成绩就会一般，尽管没受到老师的批评、责备，但孩子自认为老师不会喜欢自己，于是对老师缺乏感情。

3. 还有一种可能是，孩子对新老师不适应

因为每个老师都有自己的特点，不同的老师在授课方法、对学生的态度等各方面都有所区别。有些孩子对新换的老师不太适应，总认为不如原来的老师好，也会导致孩子和老师的对立。

（二）教会孩子理解老师

基于以上原因，有时候，孩子会说出一些不尊重老师的话语，或是做出一些不尊重老师的举动，此刻父母必须要重视起来，要及时对孩子进行教育，要告诉他“尊师是一个人必须具备的优良品德”，并且要对孩子说出自己的期望，不能说出不尊重老师的话。

新学期伊始，小伟的班上来了一个新的班主任老师，可是，这位老师似乎不太讨班里面的同学喜欢，因为，她太过严厉了。

小伟也不太喜欢这个新班主任，他觉得这个老师整天绷着一张脸，几乎从来没有看到过她笑的样子。此外，小伟不喜欢她的原因是，这位班主任常常在上课的时候点小伟回答一些特别难的题目，每当小伟答不上来的时候，老师总是略带责备的口吻说道：“这方面的知识还要继续巩固呀，知道吗？”

这天，小伟又被老师说了一顿，心里面自然闷闷不乐了。他回到家，就冲着妈妈叫道：“我好讨厌这个老师呀，整天都是面无表情的。”

妈妈有点诧异，便问道：“你在说什么呢？”

小伟回答：“我在说我们的班主任，她是个没有笑容的人。”

妈妈这才明白孩子话的意思，她走到小伟身边，轻轻地拉着孩子的手，说道：“你知道吗？尊师是一个人必须具备的优良品德，所以你不能

这样说老师。也许老师希望在你们面前树立严厉的形象，所以有时会不苟言笑，但是，我相信每个老师都有同样的愿望——希望自己的学生能够进步。明白妈妈的意思吗？”

小伟点点头，脸不由得红了起来……

父母可以通过讲故事、摆实例等，让孩子知道：老师的最大心愿，是希望学生进步，期待学生成才；老师的最急之处，在于学生学习退步，不求上进；老师的最大安慰，是自己的教学效果好，学生满意；老师最担忧的事，是学生对学习马马虎虎，得过且过。老师之所想、所急、所喜、所忧，都表现在对学生的教育和教学上。如果孩子能时刻理解老师的这种拳拳之心，就不会不尊重老师了。

此外，父母让孩子一方面要在尊敬老师的基础上，主动适应老师的教学特点，用求大同存小异的方法来尽量与老师协调一致；另一方面，还要在师生融洽的基础上坦率地向老师指出改进工作方法的合理化建议。

父母要教会孩子理解老师。老师也是人，也有错误，作为学生要给予理解，对老师要有一份“爱心”。

父母要教会孩子尊敬老师。老师将自己的全部心血和热情都投入在了学生身上，要尊敬他（她）们，要有礼貌。

（三）让孩子喜欢上老师

“亲其师，信其道”是常理，要解决孩子不喜欢老师的问题，家长们可以试试以下几种方法：

1. 美化教师形象

刚上学的孩子，对老师都是有畏惧心理的。父母应该有意识地培养孩子确立“老师是最可亲近的朋友”的观念，比如，可以跟孩子讲讲自己小时候被老师关怀呵护的事情，逐步消除他们的畏惧心理。有些家长在这方面的做法就很欠考虑，孩子上学以后，他们就把老师当成震慑孩子的工具了，动不动就拿老师来恫吓孩子：“你再不听话，明天我就找你们老师去，让老师好好教训你！”如此一来，孩子对老师的印象怎么好得起来？他们甚至会惧怕老师，不愿上学。

2. 及时与老师沟通

如果孩子不喜欢某位老师，家长一定要主动与这位老师沟通，以平和、尊敬的态度向老师咨询，了解孩子在学校里的表现，设法取得老师的帮助和支持。让老师适当给予孩子一些“偏爱”，比如批改作业详细一些，主动找孩子谈谈心，课堂提问多一些，多给孩子一些表扬、鼓励等。老师的这些做法，让孩子感觉自己非常受老师重视，比家长讲的大道理管用多了，孩子很快就能改变对老师的看法的。

3. 与老师教育同步

在与老师做好沟通后，家长应主动与老师“互通情报”：孩子在校内的缺点，家长应欢迎老师指出，并督促孩子尽快改正；孩子在校外的毛病，家长应及时向老师反映，“护短”、“遮羞”的做法是不可取的。

4. 正确对待老师工作中的缺点

家长对老师的工作有看法，不要当着孩子说长论短，而应诚恳地与老师交换意见。另一方面，家长要多挖掘孩子老师的优点，可以到学校做一些侧面的观察、调查，找一些对孩子老师熟悉的人，尽可能多地了解老师的长处、闪光点，然后装作无意识地把老师的这些长处、闪光点告诉孩子，在孩子面前多夸奖老师，引导孩子认识老师的优点和长处，让孩子对自己的老师有崇拜感。

对老师的尊敬，有利于孩子听老师的话，更快地进步。家长教育孩子尊敬老师，不仅是对学校工作的支持，更是对自己孩子的关心。

别让孩子对老师产生偏见

在学习过程中，孩子很容易对老师产生偏见，比如“老师对我特严厉”、“老师不喜欢我”、“老师总喜欢批评我”等。在中国的学校里，每个班级大概都有三四十名孩子，因此老师可能会对孩子有宽严之分、亲疏之别，但也可能是老师一视同仁，孩子的自我感觉出现偏差。

（一）偏见的伤害

1. 对老师的偏见，会令孩子产生阻抗情绪，不愿意配合老师组织的保教活动。

2. 孩子容易产生自卑心理，认为老师不喜欢自己，在学校里缺乏自信和勇气。

3. 容易引起家长与老师之间的矛盾。家长听了孩子用偏见“翻译”过的故事，对老师的误会在所难免。

4. 妨碍教师对孩子的真正理解。偏见是隐藏着的心理活动，并支配着外在的行为，因而外人不易解读。老师解读不了有偏见的孩子，很多情况下就不能真正帮助孩子。

（二）别被孩子的偏见带到沟里

在某重点小学里发生过这样一件事：有一位母亲，非常在意孩子在学校的状况，生怕孩子在学校吃一点亏。有一天，当孩子放学时，母亲立即问他："今天怎么样？"孩子答道："我不喜欢朱老师，她也讨厌我，今天我一直举手，老师却只叫别的同学。"听到孩子这样说，这位母亲立刻火了，马上打电话到学校，一口气说出她对老师的不满。当校领导找朱老师调查情况时，老师感到很意外，而且对这位母亲的指责也感到非常委屈和气愤。

事实上，朱老师根本没有厌恶这个孩子的心理，而这个孩子的成绩也很好，老师还期望他能担任学习委员。当天课堂上之所以没有叫他，只不过想给成绩差的同学一些发言机会，没想到家长竟然为这个指责她。从这一天之后，这位学生和老师之间的关系几乎濒临破裂之境，以致使这位学生在上课时，再也不敢举手发言了，甚至产生厌学的情绪。

父母通常只能经孩子口中了解学校中的种种状况。假如孩子对父母诉说"不管我做什么，老师总喜欢骂我"或"我想回答问题也没用，老师根本不点我的名字"时，父母的态度是相当重要的。

而生活中某些父母根本不分青红皂白，只相信孩子的话，生气地回答说"老师为什么只会骂你呢？"或是"可能是老师不喜欢常常叫你吧！"其实，这样的回答方式，是无法造成好的结果，反而使受害最大的人变成是孩子自身。因为父母如此的回答，只会加深孩子的多心，从而不信任老师，当然对孩子的学习与教育都会带来不良的影响。

（三）父母应该学会"劝和"

其实，父母应该避免在孩子面前评判老师的是非，遇到孩子抱怨老师的时候，家长应该多"劝和"，用一些中肯的话教育孩子，避免孩子对老师产生抵触情绪。

比如有一个孩子回家向父亲抱怨说，自己今天上课时不过多向窗外看了几眼，老师就狠批了他一顿，他还说这个老师从来就不喜欢他，是故意找碴儿。这位父亲听完孩子的抱怨后，是这样教育孩子的："老师会批评你，才表示老师非常关心你，希望你能严格要求自己，不断进步。现在你抱怨老师对你太严厉，可是如果你上课玩游戏机，老师装作没看见；让你背课文，你没背过，老师也不检查；作业没做完或做错了，老师也不检查纠正。这样长期下去，你的学习会好吗？等到你长大走上工作岗位，回忆起现在时，你肯定会说，当时老师是多么不负责任。再说了，老师正讲课，你却看窗外，是不是太不专心了？如果全班四十多名同学都像你这样，那课堂不乱套才怪，老师还怎么讲课，学生还怎么听讲？上课不做任何与学习无关的动作，这是学生应该遵守的纪律。所以，别再抱怨了，你应该理解老师的苦心才对呀！"

孩子听完父亲的话后，不好意思地挠头笑了，还告诉爸爸要主动给老师写份检查，下一次上课再也不走神了。

一项教育调查显示，越来越多的孩子对老师存在偏见，而如果听任孩子对老师产生偏见，那么无论是对教育事业的发展，还是对孩子的自身成长，都会有十分巨大的危害。因此，父母们在孩子对老师产生偏见后，就要努力劝和，以一种温和的姿态，劝导孩子，消除孩子的偏见。

1. 首先，让孩子在自由的氛围中发泄对老师的不满，这种发泄还可以起到一种平衡心理的作用。父母认真地倾听，孩子会感觉到自己的烦恼得到了尊重，就会毫不隐瞒地把事情的经过、抵触老师的原因讲出来。等孩子的情绪稳定下来之后，父母要与孩子一起冷静地分析事情的利弊，客观地看待抵触情绪。

2. 接着，父母应当引导孩子学会换位思考，与孩子一起站在老师的角度重新审视，必要时还可以创造场景去体会老师的情绪和难处，让孩子学会多体谅别人，为他人着想。这样的话，在家中就可以改善孩子和老师的关系，减轻孩子对老师的偏见。

3. 有时，孩子会和同学在背后议论对老师的意见，这有可能是老师的工作确有缺点，也可能是孩子们的看法偏颇了。家长应该劝止孩子们的背后议论，并鼓励他们与老师当面交谈。

4. 让孩子远离成人偏见的污染，在这方面父母应该做到：

①对老师有意见，可以找个时间和地点，单独与老师交谈，避免孩子在场。

②听说和发现孩子在学校可能遭受了不公平待遇，先不要急于在孩子面前发泄情绪，表达观点，而是把注意力放在妥善解决问题上。

③如果有一个家庭成员在孩子面前对老师有微词，要主动请他打住，以后再谈。

孩子年龄小，对事物的看法不够成熟，因而很容易因为对老师产生偏见而厌学，而父母则应教育孩子以善意来衡量老师的话、老师的做法，消除孩子的偏见，这样才不会影响孩子学习的效果。

做孩子与老师间的“灭火器”

老师需要对孩子负责，需要管教孩子，当然有时也就会误解孩子，与孩子产生一些矛盾。在这种情况下，家长一定要引导孩子正确对待老师的误解，并积极化解彼此间的误会，不要让误会愈演愈烈。

（一）难题应对与分析

辰辰是初中二年级的一个女孩，性格很乖巧，学习成绩也还不错。有一位严厉的数学老师，一直对她不错，可是有一天上课的时候，辰辰不小心把书桌上的一本英语书碰掉在地上，辰辰连忙弯腰去捡书。结果又不小心把另一本书也碰到了地上，教室里立刻响起了一片笑声。数学老师紧绷着脸把辰辰叫了起来，让她回答问题，由于紧张，辰辰结巴了半天也没回答出来。老师生气了，让辰辰离开教室。听到教室的门“哐”一声关上后，走廊里的辰辰惊呆了，难道自己这么令人讨厌，竟然把自己赶出教室，不让听课！父母平时教育自己不要与老师伤了和气，而且自己平时又不是差等生，为什么要受到这样的惩罚？初二的女生也是大姑娘了，这种丢人的场面竟让自己撞上，辰辰痛苦地流下了眼泪，连书包都没拿便回了家，向爸爸哭诉了一切，甚至还要爸爸给她转学。

生活中，像这样的情况也时有发生，遇到这样的事情时，家长一定要冷静地分析情况。一般来说，老师和学生间产生矛盾或误解都是由学习活动引起的。老师都希望学生能学好他们教的课程，认真听讲，尊重他们的劳动。老师围绕着学习所进行的批评，应该说动机都是善意的，也都是对孩子的高标准、严要求。但有的老师批评孩子时也会出现些失误或言词欠妥，在事实上有些出入，从而引起孩子的抵触情绪。被误解的孩子会认为老师是看不起自己或故意和自己过不去。遇到这种情况，父母一定要教导孩子依据客观事实进行冷静分析，看老师到底有什么看法，不能只凭主观就得出老师故意和自己过不去等结论。老师是教知识的，学生是学知识的，老师无论提出什么批评都是针对学生的学习状况展开的，师生之间又没有个人的恩怨，怎么能会产生成见呢？如果家长能帮孩子客观分析，就会使孩子消除偏见，增进师生间的沟通。

（二）解决方案

还是以辰辰的故事为例。辰辰的爸爸听完女儿的哭诉后，认为这个问题虽小却很严重，处理不好就会影响辰辰的学习态度。于是考虑了一下后劝导辰辰说：“我知道你现在觉得很委屈，但爸爸还是劝你冷静一下。你说要转学，我们先不说能否再找到一个适合你的学校，即使你真转学了，也是带着不愉快的记忆，你也会觉得很难再面对现在的同学和朋友了。所以，逃避不是办法，我们还是来解决眼前的问题吧！老师误解了你，你很生气，但你也要为老师着想一下，你看教室里那么多人，老师又不是神，根本没办法对每个同学每一件事都处理得公平合理。况且这个老师以前对你不是很好吗？我相信她一定不是故意针对你，说不定她现在也在后悔不该对你火气那么大呢！”辰辰终于冷静下来，可是她还是有疑虑：“可我再见她说什么呀？”爸爸笑了：“这么聪明的女儿还不知道吗？解释啊！误会是可以解开的。”第二天，辰辰在走廊里遇到了数学老师，她紧张地走上前去，解释自己昨天并非故意扰乱课堂秩序，结果，老师有点不好意思地笑了，并承认自己确实误会辰辰了，还让辰辰放学后等一会儿，把耽误的课补上，一场误会烟消云散了。

透过上面这个案例我们可以看出，孩子与老师之间发生误会，主要集中于以下两个方面的原因：

1. 孩子年龄小，看问题不全面，对老师的做法并不完全了解，也不能理解老师的教育方法。误认为老师对自己有偏见，回家对爸爸、妈妈也不能全面地反映问题。避重就轻选择对自己有利的话说，这也常会使得家长与老师之间产生误解。

2. 老师在多年的工作中，对孩子的问题司空见惯，处理过后没有把这件事情看得非常严重，所以没有及时和家长沟通，告知情况。因而造成了孩子对老师的误会。

上面这位父亲做得就很好，他耐心分析，理智劝导，成功化解了师生间的矛盾。事实上，在师生交往中，出现些误解、矛盾是常事，但要记住，小摩擦处理得好，可以“化干戈为玉帛”，处理不好，就会留下“隐患”。家长不可不重视。

那么，具体来说，我们应该怎样良好地解决孩子与老师之间的误会呢？

1. 父母首先应该让孩子明白，老师是人不是神，也是会犯错误的，这并不影响老师的形象。如果老师错怪了你，可以跟老师平心静气地沟通，交代清楚事情的来龙去脉。必要的时候可以让家长帮忙，在教育孩子的问题上，只有老师、家长和孩子三方充分地互动才能更加和谐。

2. 让孩子站在老师的角度设身处地地想一想，老师是不是故意地站在自己的对立面，自己的言行有没有什么误导。通过互换位置理解，就会认识到，班级里那么多的同学，老师要想真正做到有的放矢地进行教学和教育工作也是很困难的。他们对问题的判断也不一定就准确无误。师生间出现些暂时的误解，学生应本着有理让人、无理认错的态度，这样才能真正地改善师生关系。

3. 有一种情况是，有一些孩子，在学校里与在家中的表现完全不同。在家里又懂事又听话，是一个很乖的孩子，可一到学校，就情绪低落，不爱学习，表现糟糕，经常受到老师的批评，也经常顶撞老师。在这时候，父母要主动地、心平气和地与老师沟通，向老师提供孩子在家的一些日常表现状况，让老师也了解孩子的另一侧面，消除对孩子的误解，从而对孩子的行为有一个全面的评价，在此基础上，与家长积极配合，教育好孩子。

4. 要让孩子懂得接受老师的批评。当看到孩子因为做错事受到批评心里不快时，平和亲切地告诉他："孩子，当一个人爱你、对你负责时，才会批评你，其目的是让你认识到自己的错误。"让孩子明白，原来老师批评自己，是对自己负责，是对自己好，是爱自己的表现。另外，要让孩子明白被老师批评的原因。老师批评学生，肯定事出有因，比如课堂上不认真听讲，比如破坏课堂纪律，比如不遵守队列秩序，比如课下不团结欺负同学，比如私拿别人的文具，比如不认真完成作业，比如和老师撒谎等。家长平时都要有针对性来教育和引导孩子，通过和孩子聊发生在学校里的事，把预防性教育放在前面，让孩子明白有哪些事容易受到老师的批评。只有这样，才能让孩子在受到老师批评时，从心底里愿意接受，并加以改正。

5. 不过度袒护任何一方。如果老师误判在先，家长不分青红皂白，再对孩子一顿修理，这无异于双重摧残。所以，无论老师还是家长，都应该是孩子心灵的保护神；不要让孩子在自己最亲近、最信赖的人身上，看到绝望。尽信师不如无师。家长必须主动观察，独立判断，寻求解决。

当然，家长在处理这样的事情时，也不能"过度维权"。现在很多老师觉得无奈，如今的独生子女都碰不得，正常的管教都不敢了。这样的教育是失败的，会让师生关系陷入尴尬，也会让家长和老师的关系陷入尴尬。

总而言之，父母在处理师生矛盾的事情上一定要谨慎，一方面要维护孩子的权益，照顾孩子的情绪；另一方面，要让老师觉得家长是支持老师管教孩子的，偶尔的失误是可以理解的，以免出现因噎废食的情况。

事实上，老师和家长一样，所做的一切都是为了孩子的健康成长，家庭教育和学校教育相结合才会取得良好的教育效果。教育孩子不是光指着老师或光指着家长就可以的，老师与家长不是矛盾对立的两面，而应该成为教育的合力。所以，老师、家长要互相理解、体谅。

教孩子正确处理与小朋友的冲突

孩子们之间很容易发生冲突，产生矛盾，此时教育自己的孩子最需要的就是讲道理，而不是纵容。

（一）不要灌输“不能吃亏”的思想

孩子间的矛盾冲突，是孩童之间经常发生的“小事”。在这些“小事”上都“不能吃亏”的人，长大一定是不幸福的。处处争强好胜咄咄逼人的人，人缘一定好不了。因此，家长不要灌输不能吃亏的观念，更不要参与到孩子的冲突中来。

乐乐和青青都满七岁了，同上小学一年级。据老师反映，这两个孩子都属于个性比较强、不太听话、坐不住的那种类型。乐乐的个头虽然不高，但却十分调皮；青青个子高一点，但要比乐乐老实一些。平时两个人还玩得很不错的，虽然在一起时总爱小打小闹，但老师都能及时制止他们。

一天放学后，很多小朋友都想在学校中多玩一会儿，来接孩子的父母只好等在旁边。这时，突然从滑梯上传来吵闹声，正是乐乐和青青闹别扭了。

“我要先滑！”

“应该我先滑！”

只见两个人嘴里一边嚷着，一边互相推来推去，互不相让。乐乐虽然长得小，却一点不弱，一把将青青推到了旁边，自己先向下滑去。青青当然也不甘示弱，紧跟着滑了下来，在乐乐准备站起来之前，撞了上去。这一撞把乐乐一下就撞到了地上，乐乐一边哭着从地上爬起来，一边就冲向了青青。于是，两人扭打在一块儿了。

乐乐的妈妈看到自己的孩子被人欺负，一团火顿时从心中升上来，冲过去一把将青青拉开，凶狠狠地对青青说：“你这孩子怎么这样没教养！把别人撞倒了不说，还要打人。真是的！”

青青看见大人显然吓坏了，怯生生地回答说：“是乐乐先推我的。”

“你这孩子，小小年纪，打了人还要狡辩。怎么了得！”乐乐的妈妈絮叨着。

青青的妈妈突然看见自己的孩子正被一个大人数落，心里很不是滋味，气愤地冲乐乐的妈妈嚷嚷：“你这么大个人了，怎么跟小孩子一般见识，冲他嚷什么呀！”

“你眼睛长到哪里去了？没看见是你的孩子在打人吗？”乐乐的妈妈横眉冷对。

“那又怎么样？怕被人欺负就不要让他出门啊！没素质！”青青的妈妈也不甘示弱。

就这样，为了孩子间的一点小打小闹，两个大人却在那里吵得天翻地覆的，最后竟然还你推我搡的了。把两个孩子吓得呆呆地站在一边不知怎么办才好。幸好几位老师及时赶来了，才将事情平息下来。当两个妈妈还在生闷气的时候，两个小东西却早已重新爬上滑梯，又高兴地一起玩起来了。

孩子之间发生矛盾冲突是必然，对于一般性冲突，家长根本无须过分干预。

不需要家长干预的矛盾，即那些不会引发严重后果的冲突。这种矛盾一般发生在年龄较小的孩子之间。比如两个孩子抢玩具，只要没打起来，谁抢到就让谁先玩儿，家长不要干预。即使互相拍打两下就自动停止了，也无须干预。因为孩子的一般矛盾冲突发生很快，结束很快，也很快就会忘记，很快就会又在一起玩儿了。吃亏的孩子会总结自己的想法和做法，会采取其他方式跟同一个小朋友相处，争夺玩具。这次他吃亏，下次可能就会不吃亏。双方都会总结经验教训，都会调整自己的方式，这其实就是在培养孩子学习社交能力和方式。如果孩子一有矛盾家长就干预，就替孩子解决，把孩子拉走，不让再在一起玩儿，或者鼓励孩子去打别人，或者亲自教训别人的孩子，这些做法都太短视，太功利。这次冲突好像没让孩子太吃亏，教训了别人的孩子，但孩子总会有冲突，除非你次次能帮助孩子解决，总让孩子处于家长的保护之下，否则，孩子永远不知道如何处理矛盾冲突。事实上你不可能让孩子永远处于家长的保护之下，孩子总得独立面对冲突和矛盾。自己从矛盾冲突中掌握处理方法，培养处理能力，这才是最关键的。

（二）解决问题策略

1. 以一颗平常心来对待孩子之间的冲突

孩子之间是很容易起摩擦的，这不值得大惊小怪。父母不要对此斤斤计较，这样更有助于孩子间的友谊，促进彼此的了解，从而使孩子相互成为好朋友。如果问题比较严重，父母也只宜采取劝阻的方法，不要去添油加醋，促使矛盾的进一步恶化。最好能将自己的孩子带走，对他进行安抚及引导。

2. 正确平息孩子的情绪

小孩子在被人欺负后心里会很不舒服，就想立即讨回自己的不公，进而转化为动手。这是孩子的一种自卫心理，大人要让孩子树立自我保护的意识，但却要教育孩子不能动手打人，更不可主动去攻击别人。就像乐乐的妈妈就做得非常欠妥。当她看到儿子被撞后，不去安慰自己的孩子而是去责备别人的孩子。发生这种事情，不妨将自己的孩子拉开，问问他的感受或替他说出感受，让孩子明白父母是知道他的感受的。接着对孩子做正确的引导，比如你可以说："他撞了你，你很疼，那你打了他，他不也同样会很疼吗？"孩子从中找到平衡，很快就会将一切丢到脑后，愉快地玩耍了。

3. 让孩子意识到自己的错误

青青的母亲要做的就是要让孩子知道不管前面是谁先不对，但撞人本来就是不对的。就算是无意的，也应带孩子去向别人道歉。可以对孩子这样说："我知道不是你先动的手，可后来你却把人家撞疼了，这就是你的不对。去跟小朋友道歉，好吗？做好朋友不是更好吗？"这样孩子是会接受建议的。

4. 千万不可纵容和压制

在处理孩子与孩子间的矛盾时，父母一定要注意方法，过于疼爱和过于严厉都是不可取的。因为对孩子的迁就与疼爱而去替他撑腰，很容易助长孩子的攻击性，使孩子养成欺负弱小的习惯。而对孩子太严厉也不能收到很好的效果。因为，孩子也有自己的感受，如果他得不到发泄，很容易造成心理扭曲，这样不仅伤害他们的自尊心，还让孩子没有自我保护的意识，从而变得胆小懦弱，并损害他的人格，导致他遇事不能自己处理。所以，父母们一定要注意把握一个度，让孩子的生理与心理都能健康地成长。

冲突，在孩子的世界里可谓屡见不鲜。碰到这类情况时，我们应了解事情的经过，针对情况做出正确的处理，孩子年龄虽小，但他们也有一定的是非判断力，遇到“冲突”时，我们可引导孩子采取协调的办法，放手让孩子自己来面对和处理问题，同时，多给他们一些鼓励和建议，从中加以引导，让孩子学会站在别人的角度考虑问题，通过相互协调，从而达到“双赢”的目的。

要让孩子学会融入集体中去

现在的家庭中，大多数的孩子都是独生子女，他们在家中是“小皇帝”，是“掌上明珠”，碰不得、骂不得，享有独特的权利。孩子渐渐滋生出以自我为中心，不关心别人，不关心集体的不良倾向。集体，顾名思义，就是有组织的人群整体；孩子离开家庭进入校园，就是由“个体”存在向集体生活转化的过程。这时候，他要学习如何与同伴交往，如何看待集体关系、集体荣誉。在这时期，培养良好的集体意识，对孩子今后的社会交往有直接影响。

成功人士善于合作，善于融入集体，因为谁都不可能是一座孤岛，一个人要取得成功，必须学会与别人一道工作，并能够与别人合作。未来的时代是一个注重集体主义，需要团队精神的时代。

为了丰富学生的课余生活，学校利用下午的自习时间组织学生进行篮球比赛。虽然学生们打球的水平不很高，但参与的热情和积极性却很高。

既然是比赛，肯定有输有赢，张洋所在的班级就输了，而且输得很不甘心。事实上，张洋他们队的五个人，个个身高体壮，篮球打得也还很不错，而对方队伍中的五个人身材相对而言就薄弱了一些，球技和张洋他们也不相上下。所以张洋他们输得难免有些不服气，回到班级还在相互埋怨，张洋说李帅球传得不好，李帅说陈旭篮投得不准，五个人你一言我一语，争得脸红脖子粗。恰巧这时班主任老师回到班级，看到五个人的样子，便和他们聊了起来。

老师问道："知道你们为什么会输吗？"

此问一出，五个人又开始相互埋怨起来。

老师打断了他们，说道："你们身高占优势，基本功也不差，输就输在了五个人各自为战，你抢到球不舍得给我，我争到球也绝不传给你，'霸王'球、'独食'球太多，最终导致失败。他们身高处于劣势，但赢在了五个人的相互配合、全力协作上，所以才能'以弱胜强'。当然，你们为了班级的荣誉已经尽了力，输了就输了，别再相互埋怨，汲取教训，树立大局意识和团队精神，下次你们一定能赢回来。"

这只是孩子们生活中的一个例子，但这个例子也足以给我们各位家长敲响了警钟。

未来社会竞争日益激烈，为了让孩子将来能尽快适应社会，许多家长千方百计培养孩子各方面的能力，在各种评比、竞争的大环境压力下，我们的孩子们个人素质、能力越来越强，独立性也越来越强。但是，在让孩子学会表现自己的同时，也助长了孩子们的“个人英雄主义”思想，使孩子们越来越不擅长跟别人合作，甚至不知道应该怎样与他人合作，团队意识也越来越薄弱。

应当看到，当今社会不仅是一个竞争的社会，更是一个合作的社会，单打独斗已经难于在社会上立足。“人心齐泰山移”，我们现在的生活中，大多数工作都必须靠团队的力量才能完成，强调团结协作是21世纪对每一个人的要求。所以，在很多单位招聘时，个人的能力往往不是最主要的，是否具有团队意识才是最重要的。

往远了说一个国家如果没有团结稳定的局面是不可能繁荣兴盛的；一个集体如果没有精诚合作的精神是不可能获得发展的；一个班级如果集体观念淡薄是不可能有提高进步的；一个人如果不加强培养集体意识，他是不可能被社会所接纳的。集体意识的培养对每个学生来讲是至关重要的。学生只有在校园就开始提高自己的集体协作意识，才能在将来的工作中游刃有余，才能让自己的前途得到更好的发展。

可现在的孩子大多缺乏集体意识和团队合作精神。这样下去的话，孩子将来可能很难立足于这个社会中。所以父母要从小培养孩子的集体意识，让他尽快地融入集体中去。

1. 要摆正孩子在家庭中的地位

家庭，实际也是一个小小的集体。在这个集体中，父母决不能因为孩子小而给予他特权。如果从小把孩子捧到不适当的位置，久而久之，孩子就会滋生唯我独尊的自私、高傲的心理。

在实际生活中，父母应该事事处处使孩子懂得，在家庭这个集体中，无论是谁，都既有享受的权利，又有尽义务的责任，不能够只顾自己无视别人。要让孩子学会如何关心体贴祖父母以及爸爸、妈妈，然后进一步启发孩子把关心、同情的范围扩大到周围的人。使其逐渐明白，不能只享受大人的关怀、照顾，而且也有义务去关心、照顾别人。

2. 在家庭生活中给孩子做出表率

我们一再强调，父母是孩子最直接的榜样，父母要求孩子做到的，首先自己要做到。例如，爸爸、妈妈每天看报纸，听广播，关心集体和国家大事，多聊聊单位正面的人和事，孩子就容易养成关心集体的习惯；如果父母自私冷漠，什么事都先考虑自己，常在家里说单位和同事的坏话，甚至损公肥私，那势必影响孩子集体意识的养成。

3. 鼓励孩子参加集体活动

鼓励孩子多参加一些集体的活动，只有在集体中才能真正切身体会到与人和睦相处，共同合作的好处。这可以让他意识到他人的存在，学习到与他人相处的经验。与此同时也培养了孩子的合作意识。要引导孩子体会到，自己的需要只是家庭中、集体中的一个，更多的应该想到整个家庭、整个集体的需要。

4. 鼓励孩子为集体出力

家长应该鼓励孩子积极为集体的事情出力。当然，日常生活中，孩子有时也为集体做些好事，但往往是不自觉的，并不巩固，即使做的是件好事，思想也不一定明确。因此，家长对孩子所做出的表现，应及时予以表扬，并勉励他继续做。

5. 在生活中锻炼孩子

父母在生活中，应尽量给孩子多创造一点锻炼的机会。孩子在生活中学到的知识、培养的精神，都会渗透到他的性格中去，长大后会带入社会。一个懂得合作精神的人会很快适应工作岗位的集体生活，并发挥积极作用；而不懂合作的人在生活中会遇到许多麻烦，产生更多的困难，而无所适从。在家里父母要让孩子做些力所能及的事情，例如，自己洗衣服，帮助父母干家务等。

6. 培养孩子社交技巧

为了让孩子尽快融入集体中去，父母要努力培养孩子的谦让、忍耐精神。让他知道，在集体中个人只是一个微小的元素，在从事一些活动时要互助与谦让。此外，还要帮助孩子养成良好的沟通习惯，这可以利于孩子增进与同学之间的友谊；发扬团结互助精神，相互关爱，加强集体凝聚力。

总而言之，父母要让孩子明白，自己的成长时刻离不开集体，所以，应该记住回报集体。

让孩子能够独自完成作业

当今许多孩子对待作业敷衍了事，而且做家庭作业总是缠着大人陪伴，否则就要拖拉很长的时间。因此，指导孩子做作业便也成了父母的“家庭作业”了。这真是让家长很头疼。许多家长都不明白，我们小的时候，父母忙着挣钱养家哪有时间陪伴，作业都是自己完成的，怎么到了这代孩子身上，就变样了呢?

（一）孩子缠着父母的原因

孩子缠着父母，非要父母陪着一起做作业，主要是以下三个原因造成的：

1. 孩子从接触书本的那一天起，家长就陪在孩子的旁边，看孩子做家庭作业。时间一长，孩子就养成了做家庭作业必须由父母陪着的习惯了。如果父母不在身旁，没有人看或是没有人教，他们就不专心，总是三心二意。

2. 有的孩子在做家庭作业时，父母总是在旁边催促。一旦父母不在旁边，就没有了紧迫感，这就造成了孩子做家庭作业拖沓的毛病，甚至养成了孩子做什么事情都喜欢别人催促的不良习惯。

3. 有的孩子在做家庭作业时，父母采用死看死守的方式，这样的确会使一些孩子学习有可能暂时很好。但这种状态不能持久，暂时好的孩子有可能到了初中就会厌学，其实这点已经被千千万万的事实验证了。

（二）解决策略

那么，怎样解决这一问题呢？——父母最好不要总陪孩子做作业。孩子非常小的时候，父母可以陪在他旁边，但是随着年级的上升，父母就应该渐渐引导孩子独自完成作业。

比如孩子已经三年级了，家长从一年级就陪，一直陪到了三年级，这时家长就要想办法逐渐培养他独立地做作业。孩子做作业一个半小时，家长在这一个月之内，就陪孩子一个小时，下个月就陪他半个小时，第三个月就让他独立地做作业，这样慢慢放手，逐渐锻炼。如果家长抱着孩子不能放松，一放松成绩就会下降的心态，家长就会死看死守，只能导致孩子到了初中、高中就会产生厌学情绪。

在孩子独立完成作业的情况下，我们会发现有两种孩子发展得很好。第一种，原来死看死守学习就好的孩子，他会继续好。还有一种死看死守的孩子，你解放他、放松他，让他自己慢慢地从价值观上，从做作业的能力上、速度上、态度上逐渐提高，这些孩子也能赶上。

培养孩子独自完成作业的能力是培养孩子独立能力的一种途径，这也是孩子自主学习能力的一部分。即使他们的作业比较多，也要让他们自己完成。

小华的妈妈常常检查小华的作业，对于他做错的地方，小华的妈妈从不告诉他答案，而是要求他做完作业后自己检查订正。

一天深夜，小华的妈妈工作结束后，像往常一样检查孩子的作业本，发现老师在一道题上打了个叉，写有“重做”两个字。小华的妈妈向后看，发现这道题重做了。可重做的结果和原来一样，再检查运算过程，也是一样。为什么老师打叉让他重做呢？找到课本一对，发现小华把题抄错了。

当时天气很冷，可是小华的妈妈还是把小华从被窝里叫了起来。但没说题错了，只说让他检查。

小华查了一遍，说：“没错。”

“没错？那老师怎么让你重做呢？”

孩子认真检查了那道重做的题，然后用奇怪诧异的眼光看着妈妈：“没错啊！”

“老师批错了？”小华妈妈平静地说，“再好好想想。”

小华裹着棉衣，眼睛瞪着红叉叉，足足愣了20分钟，猛然想起了什么，打开课本，才知道题抄错了，于是他马上改正，小华妈妈表扬了他。

这不是简单的对抄错题的改正，而是一次对孩子独立思考，培养自我判断能力、提高自信心的锻炼。

（三）家庭教育原则

想要尽早成功培养孩子独自完成作业的习惯，家长应该注意遵循以下几条原则：

1. 忌监视

有些家长为了不让孩子三心二意，就坐在旁边“监视”，这种心理可以理解，但这样“监视”却会引起孩子的紧张情绪，反而不利于学习。

2. 忌指点

有些家长在孩子做作业时，一旦发觉作业有些差错或孩子不会做时，就马上指出来，这样做容易妨碍孩子独立思维能力的发展。

3. 忌代劳

有些家长怕孩子过于劳累，常常代替孩子做作业。殊不知青少年阶段的学习以打基础为主，父母这样代劳会影响孩子的学习根基。

4. 忌唠叨

有些家长在孩子做作业时，希望孩子做快一点，不停地在旁边唠叨，不停地提醒，这样容易使孩子产生反感的情绪。

5. 忌威胁

有些家长为了让孩子完成作业，采用威胁的方法。此方法会让孩子表面上服从，内心上反对，时间长了不利于孩子养成良好的学习习惯。

6. 忌物质奖赏

有些家长在孩子做作业前告诉孩子如果完成了作业，就买东西作为奖励，殊不知这样久了，孩子会因为想得到物质奖励而做作业。

7. 忌对比

有些家长总是拿自己的孩子和别人的孩子做比较，说别人的作业写得如何如何，这种做法也容易挫伤孩子的自尊心，使孩子灰心丧气。

池田大作说："在家里，要从小就把孩子当作独立的社会人来养育。这样培育出来的孩子，走上社会便能够成为独立的社会人，并具有"后生可畏"的劲头。

08

社会篇

引导孩子成为人见人爱的小小社交家

社交是一生的必修课，是现代人必需的一种基本的生存技能。天下哪对父母不希望子女事业有成，生活幸福呢？只有从小培养孩子良好的社交才能，才会让他们在人生旅途中有良好的发展。因为会社交的人不论从事何种职业，都会得到众人的鼎力相助，使得他们能在人生的道路上不断地改变自己、突破自己，从而成为人生的大赢家。

教会孩子与别人友好相处

萧芳是个文静可爱的女孩，每天上学放学都按时回家，学习也从来不用父母操心。上初中以后，萧芳虽然还像小孩子一样，喜欢黏着妈妈，但是，基本上还算比较懂事听话。但萧芳的妈妈却发现孩子整天待在家里，周末也是如此，从来都不出去玩，也没见她带同学回家。有一次，妈妈在下班的路上碰到了萧芳的老师，老师对萧芳的妈妈说，萧芳在学校里不太与同学交往，在同学中人缘也不好，同学也不太愿意与她一起玩。妈妈才明白萧芳整天都待在家里的原因。

你是不是也有这样的焦虑，别的孩子在一起玩得高高兴兴，你的孩子却总是形单影只，没有小伙伴，显得特别不合群。不要着急，只要稍加尝试，孩子的不合群是可以改变的。当然，在此之前，我们先要知道孩子为什么不合群。

（一）孩子不合群的原因

1. 家庭氛围不好

有的家庭，夫妻经常吵架，家里硝烟弥漫，有的家庭，父母经常或长期不在家，缺少亲子交流。这样的家庭环境极易导致孩子产生心理压抑。孩子内心中渴望交往但又不敢与人交往，害怕遭到拒绝。

2. 教养方式不对

导致孩子不合群的不良教养方式主要包括以下三种：

①过分溺爱孩子，对孩子“有求必应”；

②总认为自己的孩子是最棒的，令孩子形成“虚高”的自我评价；

③随意训斥、打骂孩子，给孩子的生活带来阴影。

溺爱和“虚高”的自我评价极易使孩子形成过分的自我中心、过度依赖、倔强、适应能力差等不良品质或习惯，从而使孩子缺乏交往动机，直至不愿交往。“打骂教育”更加不能培养主动交往的孩子，相反很可能给孩子的交往造成终生障碍。

另外还有一点，部分家长因为担心孩子的“人身安全”，防止孩子被同龄伙伴弄伤、怕孩子吃亏，就禁止孩子与其他同伴交往，导致孩子交往的机会被剥夺。如果孩子在幼小的时候缺少正常的交往环境，就会缺乏交往的基本技能，不会商量，不会谦让，不会主动争取朋友，从而直接影响孩子交往态度的形成和交往能力的提高。

凡此种种，都会使孩子不懂如何合群与讨人喜欢。

入学以后，这类孩子也难以适应学校生活，不容易结识朋友。与同龄的伙伴玩耍时，也不能相安无事，不是争吵打架，便是畏缩，最后被群体孤立。正因为以上原因，使独生子女的社会适应能力普遍发展较缓慢。

如果不能及时辅导，孩子便逐渐养成孤僻、内向、软弱怕事、沉默寡言的性格，没有一般小朋友的天真活泼气息。

（二）培养幼儿交往能力的意义

孩子是否善于同别人打交道，在人群中人缘如何，对他以后的学习和人生的发展有着很大的影响。

有研究分析表明，从小善于与人交往的孩子，不仅容易与人相处得比较融洽，而且可以从其他人那里学到一些更广阔的知识。如果孩子过于封闭自己、不爱与人交往、在同学中的人缘不好，都会影响孩子的交往能力，使孩子无法适应复杂多变的社会，更有甚者，会让孩子形成孤僻、抑郁、偏执等心理障碍。

人是具有社会性的，人们生活的方方面面都离不开与他人的联系，心理的健康发展同样离不开群体的影响。特别是孩子，他们只有在群体中才能感受到快乐：因为当孩子融入群体之中的时候，他不但能得到心理上的满足和平衡，他的困惑和痛苦通过与人交流也会得到化解。因此说，孩子只有融入群体，他才能自觉地调整自已的行为去适应社会的需要，才有更多的机会去学会生活享受快乐……可是，不幸的是，许多孩子由于生活的限制和学习的压力，失去了与同龄人交往的机会，合群的需要无法得到满足，久而久之造成心理上的孤独与寂寞，产生许多心理问题。

不合群的孩子往往性格内向、孤僻、多疑、冷漠，在人格的发展上存在着一定的障碍，对心理健康的影响很大。

因为缺乏与同龄人的交流和沟通，不合群的孩子常常有着更多的困惑和迷茫，容易形成对社会和自己的不合理看法，产生自负或自卑心理，或者患得患失，情绪的波动比较大，心理承受力差，甚至走向极端。

曾有一个读初中的女孩子，从小母亲倍加呵护：一个人出门怕出事，跟别的孩子玩耍怕被欺负，班级活动怕影响学习。在母亲的精心安排下，她犹如生活在“一尘不染”的真空里。可是，进入青春期以后，她的苦恼逐渐增多，学习渐感吃力，又总是形只影单，心灵的孤独使她常常自卑自叹、顾影自怜。一次因为考试不理想被母亲说了句“你越来越没用了”，于是她觉得自己“活着没什么意思”、“是个多余的人”，结果吞下大半瓶安眠药自杀，幸亏发现及时，才保住她的生命。

不合群的孩子在人际关系上也会出现明显的障碍。由于缺乏正常的人际交往，他们往往不懂得理解和尊重别人，不知道宽容和谦让，有的甚至不会应酬平常的人际往来，不仅给自己带来许多麻烦，还会造成社会适应困难。

有一位大学一年级的男同学，就是因为从小不合群，所以当他进入大学以后，常常对周围的生活环境感到无所适从。他无法和同宿舍的人打成一片，也交不到其他的朋友，甚至当一个女同学对他表示好感时，他却不知如何是好，为自己和别人都增添了许多苦恼。

因此，父母一定要注意培养孩子的合群意识。所谓合群，不仅仅是指和众多的人在一起，更重要的是能适应群体，把自己有机地和群体结合起来，被群体中的人认可和欢迎，在群体中得到快乐。合群更多地表现为孩子的一种主动的行为。当孩子融入群体之中的时候，他才会有集体荣誉感，才知道什么是团结协作，才真正明白竞争的意义，才更懂得生命的价值。

（三）引导孩子走到小伙伴中去

1. 要培养孩子合群，父母首先要为孩子创造一个良好的家庭环境。比如，全家人的和睦相处，不以孩子为中心，不事事从孩子的角度出发，不让孩子凌驾于父母长辈之上。同时，父母也要尊重孩子，切忌随意打骂、训斥，要让孩子在平等和睦的家庭气氛中形成合群的性格。

2. 父母要经常与孩子为伴，要用自己对邻居和朋友的真诚感情影响孩子，还要常常带孩子到邻居和朋友家去做客，使孩子体会到和别人交往是件愉快的事。这样不仅扩大了孩子的社交活动范围和交际内容，影响孩子的社交兴趣和需要，还有助于孩子积累社交经验和社交技能。

3. 父母应该创造条件促使孩子与同伴交往。开始时，父母可以主动邀请小朋友到自己家中做客，并带着孩子热情地招待小伙伴，鼓励孩子把糖果、玩具拿出来和伙伴分享。一段时间以后，父母应逐渐要求孩子自己找伙伴玩耍，还要教育孩子在与同伴接触中主动地招呼同伴，接近同伴，帮助同伴。

这样一来，孩子会在与外界的接触过程中，增长知识、开阔眼界、结交伙伴、学会独立生活能力，从独生子女自我性的心理逐步转化为自觉性的群体心理，从而获得心理的全面发展，形成良好的人格萌芽。

从小培养孩子的合作精神

欧洲著名的心理分析家A.阿德勒认为：假使一个儿童未曾学会合作之道，他必定会走向孤僻之途，并产生牢固的自卑情绪，严重影响他一生的发展。如今的孩子大都是独生子女，任性、脾气大、与人合作能力差是孩子们普遍的弱点。家长们对此应该给予足够的重视。

（一）合作精神的重要性

与人合作是人的一项基本素质，也是社会生存的必备技能，如果一个人不能与人真诚合作，他将会面临难以生存的威胁，更不可能成功。一个懂得合作的孩子成人后会很快适应工作岗位的集体操作并发挥积极作用，而不懂合作的孩子在生活中会遇到许多麻烦，产生更多因难并且无所适从。幼儿期正是人各种合作素质形成的关键期。合作是指两个或两个以上的个体为了实现共同目标（共同利益）而自愿地结合在一起，通过相互之间的配合和协调（包括言语和行为）而实现共同目标（共同利益），最终个人利益也获得满足的一种社会交往活动。

联合国教科文组织的报告《教育——财富蕴藏其中》指出："学会合作，是面向21世纪的四大教育支柱之一。"有专家指出：21世纪的成功者将是全面发展的人、富有开拓精神的人、善于与他人合作共处的人。而在当今社会，随着独生子女家庭的增多，孩子愈来愈成为家庭的核心、家中的“小太阳”、“小皇帝”，这使孩子形成唯我独尊、自私霸道等不良的行为习惯。在幼儿园的一日活动中，我们经常可以看到，由于孩子不会合作，不善于合作，所以常会因争抢玩具而争得面红耳赤，然后有的孩子就赌气独自一个人玩游戏，不愿再与同伴交流。为了让幼儿体验成功与喜悦，获得合作的快乐，我们借助游戏这一幼儿活动的主要方式，通过开展丰富多彩的游戏活动，帮助幼儿学会合作，主动合作，使身心健康发展，真正适应时代发展的要求。

那么，孩子不会与同伴合作该怎么办呢？

（二）将孩子引导到善于合作的轨道上来

1. 教孩子学会欣赏和接受别人

父母要常给孩子灌输这样一个思想：任何一个人都有他的长处，要学会真诚地欣赏别人。要教育孩子善于发现别人的长处，并真诚地加以肯定与赞美。世上人无完人，三人行必有我师，切不可因为别人有这个缺点或那个毛病就嫌弃他、疏远他。

2. 教孩子学会关心别人

让孩子学会关心别人是人类生存与发展的需要，也是个人生存与发展的需要。人类共同生活在一个地球上，国家与国家、民族与民族、人与人之间的联系已经成为人类生存与发展的必要条件。同时，任何个人对他人的关心都是形成其合作能力的前提，而合作能力则是市场经济条件下生存与竞争能力的重要体现。让孩子学会关心是学校教育与社会教育的责任，更是家庭教育的责任。因此，父母在给予孩子关心的同时，也必须让孩子学会关心别人，让孩子在接受爱的同时也学会付出爱。

3. 让孩子懂得与人合作的重要性

在日常生活中，有许多行为必须要两个或两个以上的人合作才能完成，只凭一个人的力量是无法做到的。父母可以利用这种机会让孩子体验一下个人无法完成的挫折感，从而懂得与人合作的重要性。父母可以在家庭生活中玩一些需要合作的游戏，或是做一些需要大家一起合作才可以做到的事情。比如，家里的家具需要挪位置，父母可以让孩子一个人先试试，孩子肯定是搬不动的，这个时候，父母就可以适时对孩子讲解人与人合作的重要性，然后大家一起搬动家具。

4. 让孩子体验合作的乐趣

成功的合作可以让孩子产生良好的体验，这种体验能够带给孩子无穷的乐趣，进而促进孩子的合作意识和合作行为。在生活中，父母可以给孩子设置一些合作竞赛，让孩子们尽力通过合作去完成任务。如果孩子一时没有完成任务，父母也不要责怪孩子，而是让孩子明白，成功的合作不一定要达到现实的目标。虽然有些合作的结果是失败的，但是，在合作过程中，参与者都尽了自己的努力，同时，每个参与者都感到非常愉悦，这就是一种成功的合作。

5. 在游戏中学会合作

很多游戏是需要集体之间共同合作进行的，许多孩子分成几组，按照规则以小组为单位争胜负。这时，同一小组的孩子需要齐心协力，共同合作才能取胜。如果孩子自以为是，不顾别人，其他孩子就不愿意再与他一起玩，他就会感受到不合作的滋味，从而纠正自己，想方设法与其他人去合作。

6. 让孩子了解一些合作的规则与技巧

在合作中既要尊重对方，服从大局，讲统一，又要有自己的立场。合作过程中不能唯我独尊，只想着自己，要充分顾及他人的要求与需要，必要时甚至做出一定的让步与牺牲；与此同时，迁就与让步是有限度的，不能放弃自己的原则，在合作中要有自己的立场与个性，要知道取得同伴的信任与尊重是合作成功的前提。

合作是人生存的技巧之一，许多人给了它完美的诠释。艾思奇说：“一个人像一块砖砌在大礼堂的墙里，是谁也动不得的；但是丢在路上，挡人走路是要被人一脚踢开的。”雷锋说：“一堆沙子是松散的，可是它和水泥、石子、水混合后，比花岗岩还坚韧。”

让孩子懂得为他人着想

在生活中，很多孩子事事以自我为中心，很难去体谅别人，好像别人都是他的服务员，为他做任何事都理所应当，从而不会心存感激。那么，造成孩子不懂得替他人考虑的原因是什么呢？

（一）家长溺爱造成孩子只考虑自己

造成这种状况的很大一部分原因，是因为有些家长对于孩子过于宠溺，有求必应，孩子对此形成了习惯，如果家长偶尔没有满足孩子的要求，那么孩子便觉得家长犯了天大的错误。

诚然，家长对孩子的爱是无私的，是伟大的，可是家长对孩子的爱，还应该是正确的爱。父母应该教孩子学会体谅别人，站在别人的角度来考虑问题，真正懂得理解的含义。因此，家长应当让孩子学会多理解一下他人，多为他人着想，这样有助于健全孩子的人格。

而在溺爱中成长起来的孩子往往会过于以自我为中心，心中没有他人，一旦愿望欲求受阻遭挫，就会不择手段。心理学认为，父母是孩子规则意识形成的关键，父母的溺爱往往会使孩子缺少规则意识，做事没有边界感和底线，不断挑战社会规则和父母的摆平能力，不断玩火，终至引火自焚。

（二）爱的教育能够唤醒爱

对于不懂得替他人着想的孩子，只有爱才能唤醒爱，只有爱的教育才可以让孩子警觉别人的困难，并唤醒孩子的良知与感情，使得孩子们变得宽容而具有同情心，能理解别人的需要，从而去帮助那些受到伤害和需要帮助的人。

大龙的妈妈是位小学教师，在孩子小的时候就非常注重对儿子进行爱的教育。她对大龙的爱是无私的，可是却没有溺爱孩子，也没有像其他家长那样，对孩子的所有要求都去满足，对孩子的一切事情大包大揽，而是在自己给孩子做事时，就让孩子在旁边看着，不仅让儿子去学，还让他感受母亲的不容易，让他学会体谅妈妈。

大龙的妈妈还经常唤起孩子奉献爱心的意识。每当妈妈给孩子买了好吃的，都要让大龙先给奶奶分一部分，然后才让他吃。每当上街时，只要路过那个十字路口的拐角处，妈妈肯定都让大龙给那个乞丐几毛钱……

时间一长，大龙自然而然就能体谅别人、理解别人了，也有了爱心、同情心。到现在，他已经是一名人见人爱的中学生了。

在日常生活中，家长应该引导孩子从小事做起，对孩子进行爱的教育，孩子自然而然就会有爱心，去体谅别人、理解别人。

培养孩子的同情心和理解他人的习惯，家长根据孩子的具体情况，可以参考以下几点去做：

1. 培养孩子的善良之心

父母自小给予孩子同情心和怜悯心的情感，就是在他身上培养善良之心。培养善良仁爱之心，是教育孩子首先要做的事情。孩子最初的同情心和怜悯心是成人同情和怜悯之心的反映。所以，如果父母同情他人的困难，他们的言行也会深深打动儿童的心灵，感染和唤起孩子对他人的关心。

2. 让孩子学会站在他人的角度考虑问题

当兄弟姐妹之间、孩子与朋友之间，甚至你与孩子之间发生冲突时，要求相关的人停下来想一下，如果转换角色的话，对方会有怎样的感受？然后要求每个人假设是对方来谈谈这个问题，这可以用于任何情况之下来帮助孩子理解相关人士的观点。

如果一味要求孩子学习，忘记了对孩子进行爱的教育，进行责任心的教育，那么孩子就不知道什么是爱，也不知道怎样去表达爱。

教育孩子要懂得平等待人

相信很多家长都发现，部分孩子会有一点“势利眼”的倾向，比如，谁家的孩子打扮得比较漂亮，用的文具比较高级，他身边聚集的朋友就会多一些，大家都对他好一些。而家庭相对比较贫困的孩子，在学校可能就会遭遇冷淡的对待。甚至有些家长明确地要求自己的孩子，不要和那些乡下的孩子或者学习成绩差的孩子一起玩。某些成人的功利化，导致了孩子纯真的童年开始功利化，这是值得我们深刻思考的问题。

海洋是个有点“势利眼”的孩子，他心里从没有平等待人的概念。平时在班里，他只跟家住城市家境富裕的同学来往，对那些来自农村的孩子则不理不睬；他只跟学习成绩好的同学来往，对那些学习成绩差的同学则冷言以对。他的这种做法，同学们看在眼里，不满在心里，尤其是一些来自农村的学生，他们感觉自己受到了海洋的歧视，心里很不服气。也因此从不和海洋说话。

在家庭生活中，海洋也是这样，平时对待他那些有钱有势的叔叔、阿姨就很亲切，见了面后小嘴特甜，一口一个“叔叔”，一口一个“阿姨”地叫，叫得人心情都变愉悦了。而对于他家里的那些穷亲戚，他则看不上眼，既然看不上眼，那就也没有这么热心了，见了他们时，海洋都是爱理不理的，其表现简直可以用“判若两人”这个词来形容。

许多孩子在不懂事的时候都有势利眼的倾向，不能做到平等待人，一视同仁。这一方面固然有孩子不懂事的地方，一方面也折射出父母教育的问题。因为父母的疏忽，造成了孩子从小就不能平等待人。而孩子是否能够平等待人，在一定程度上决定了他们在以后的交友过程中是否成功，也就决定了孩子将来能否成为一个成功的人。

（一）尊严的内核是平等

一次，托尔斯泰在长途跋涉中，到一个小火车站的三等车厢的候车室歇息，忽然听见有人招呼他：“老头儿！老头儿！”一位太太在车上探出车窗外喊他，“快去女洗手间把我的手提包拿来，我忘在那儿了……”托尔斯泰急忙赶到那里，幸好，手提包还在。“多谢你了！”那太太说，“给，这是给你的赏钱。”于是递给他一枚 5 戈比的大铜钱。托尔斯泰不慌不忙地装进了口袋。“您知道您把钱给谁了吗？”一位同行的旅客问这位太太。他认出了这个风尘仆仆的赶路人就是大名鼎鼎的《战争与和平》的作者。“他就是列夫·尼古拉耶维奇·托尔斯泰！”这位太太一听惊叫道：“天啊！我干了什么呀！列夫·尼古拉耶维奇，列夫·尼古拉耶维奇！看在上帝的份儿上，原谅我吧，请把那枚铜钱还给我吧！把它给您，真不好意思。”“您不用感到不安。”托尔斯泰回答说，“您没有做错什么，这钱是我挣来的，所以我收下了。”火车开动了，托尔斯泰微笑着，目送着渐行渐远的火车把那位不安的太太带走了。

在这里，托翁放下了自己的身段，显露出一个率真朴实的人的本色。在托翁看来，一个人，能够为他人做点力所能及的事，按劳接受对方给予的报酬，是天经地义的事情，与名望、地位、金钱无关。托翁本性流露的可爱举动，潜藏于后的其实是一种最可贵也最为难得的平等心态。一个人，拥有这种心态，才能身处高处而不骄纵，地位卑微亦不自弃。我们不是一直在强调尊严吗？其实，尊严的内核就是平等。

（二）让孩子学会一视同仁

现实的社会中，由于各种各样的原因，人们存在着很多的不同：如高、矮、胖、瘦、性别、种族、国别、家庭、职业等方面的差别。我们在教育孩子的过程中，应教会他们平等对待这种差异性，告知他们不管人们之间存在怎样的差异，都不应该去嘲笑别人，而应该平等对待、互相理解、互相尊重。

1. 平等地对待孩子

要让孩子学会平等待人，父母首先要平等对待自己的孩子，要和他们进行平等地交流。很多情况下我们与孩子的交流是不对等的，有时不经意间我们就给了他们不良的暗示：要显示自己的权威最好的办法就是让人服从，服从是值得赞许和表扬的，不服从就是不好的，就是不尊重自己。因此孩子在以后的生活中，是很难做到平等待人的。

父母们不妨经常地鼓励孩子表达自己的意见和看法，与其平等地进行交流。

父母可以定期地开一些家庭会议，让孩子也加入其中。家里有什么事情也可以和孩子讲一讲，听听他的看法或意见，鼓励他大胆地说出来，让他意识到自己在整个家庭中的地位和作用。

2. 家长的以身作则

孩子每天接触最多的人就是父母了，父母的一言一行对孩子有着很深的影响，如果父母平常就很势利，看不起地位低、没有钱的人，只对有钱有势的人敬重有加，那么孩子自然也会受到父母这种坏风气的影响。所以，父母在平常的为人处世，接人待物中，应避免出现偏见和歧视的现象，做到平等待人处世。

3. 让孩子发现别人的优点

俗话说："尺有所短，寸有所长。"人各有各的优势，必须以积极、平等的心态对待每一个人，把每一个人都当作重要的人物来看待。对孩子而言，就是要让孩子积极发现每个人的优点和长处，从而做到平等待人。每一个优秀的成功人士，也总是了解别人的长处，做到平等待人的。所以，聪明的父母要鼓励孩子们发现每个伙伴都有自己的优点，每个伙伴都是值得我们尊重的，从而引导孩子平等待人。

其实，在每个人的周围都存在着很多人，他们可能身份地位，家庭状况都存在着差异，但是他们都是平等的人，没有谁可以凌驾于谁，只要坚持自己的立场，就都拥有独立的尊严。父母在教育孩子选择朋友的时候，必须从平等出发，让他们用真心去对待每一个身边的人，这样，孩子必然能够收获真挚的友情。

让孩子把握好异性交往的分寸

上了初中的小莉变得很爱交朋友，不仅与女同学的关系亲密，还有很多要好的男同学，有时候还和这些男同学一起到家里复习功课、在街上闲逛或者出去郊游。父母对此非常地担忧，怕女儿与这些男孩子们交往时一不小心闹出什么乱子来。

孩子和异性交往，在中国父母心里，一直是一个非常敏感的话题。而西方人则认为，应该从小就鼓励孩子们和异性交往，孩子有了异性朋友是一件值得开心的事情。孩子们之间的感情是纯真的，令人羡慕的，是要保护的。

（一）异性交往的好处

美国心理学家赫洛克把交友，包括交异性朋友的好处总结为八条：

1. 为双方带来了稳定感；

2. 彼此共同度过的快乐时光；

3. 获得与他人友好相处的经验；

4. 发展宽容大度与理解力；

5. 得到了掌握社交技能的机会；

6. 获得了批评他人和受他人批评的机会；

7. 为将来提供了求爱的经验；

8. 培养了诚实的道德观。

其实，学会与异性交往是“青春期”最重要的社会目标之一。按照人类心理社会发展的自然进程，一个正常人从初中开始就需要学习建立异性友谊，因此与异性交往并非是“长大以后的事”。相反，如果真的等到离开学校走上社会以后才开始学习与异性交往，很可能就会因为缺乏锻炼而成为这方面的“困难户”。所以，家长大可不必谈虎变色，过多干涉孩子交异性朋友，当然，也不可不关心，而应该正确引导，让孩子自己把握与异性之间交往的分寸。

（二）别把异性交往都当成早恋

“早恋”是一个客观存在的现实问题，但究竟何谓“早恋”，却恐怕是不少父母尚不十分清楚的问题。当青少年进入青春期之后，由于生理和心理发育的急剧变化，从而使情绪易于波动，活动能力增强，人格独立要求增加，同时产生愿意与异性交往的想法，这些都属于正常现象，而非是“早恋”。

“青春期”的异性关系的确是一个最容易被误解，又最容易出问题的方面，大多数父母、老师意识到自己的孩子或学生已经情窦初开时，或者只是在心里暗暗着急，或者旁敲侧击地去劝阻，或者不由分说地去制止，很少与青少年开诚布公地沟通，更不会为他们提供指导。但是在茫茫人海中，除了男人就是女人，异性交往不但不可避免，而且还是现代社会每个人一生中最基本、最重要的交际形式之一。所以，如果父母真的关注孩子的生活幸福、事业成功，就必须让孩子具备与异性相处的本领，教会孩子正确把握与异性交往的尺度。

青少年的交往经常是凭直觉进行的，是纯洁和美好的，对这种友谊父母应当格外尊重和鼓励。让孩子与异性自然交往，告诉他们不要把异性视为特殊对象而感到神秘和敏感；不要形成一种人为的紧张和过分激动的心态；也不必因对某个异性有好感，愿意与之交谈、接触，就认为自己爱上了对方，或以为对方对自己有情，错把友谊当爱情来追求。父母也不要把青春期的异性交往都看作是“早恋”，是一种“错误的要求”或“会闹出乱子的坏事”，而想办法去“制止”、“拆散”。

（三）父母应该怎么做

面对孩子的异性交往，父母应该做的是，教育处在青春期的孩子用平常心态对待异性朋友，控制性冲动，培养自己的健康人格，端正性观念和批判“性解放”思潮。有人认为，只要女孩愿意、男孩不吃亏，男女之间的性交往是很正常的。其实不然，男孩一旦放纵自己，不仅会给女友带来灾难，也会使自己产生强烈的罪恶感。

1. 男孩篇

家里如果是男孩子的话，作为父母可以这样指导他：

首先，没必要过分拘谨。在和女生的交往中该说就说、该笑就笑，需要握手就握手，这都是很正常的，要是忸怩的话反而让人家讨厌。当然，要是过分随便的话，一定会把小女生吓跑。

其次，不要太严肃。太严肃让人不敢接近，望而生畏，可以不失时机地表现一下幽默感，这样比较容易受欢迎，但不要发展成油腔滑调。

再次，学会绅士风度。很多时候女性被视作弱势群体，所以“男子汉”们要学会谦让、学会保护女士。比如一起在马路上闲逛时，男孩子应该走在靠车行道的一边；进出门时，男孩子要给女士开门，让女士先进先出等。可以从“照顾”妈妈开始，训练男孩子的绅士风度。

2. 女孩篇

假如家里是女孩的话，父母要让她们务必注意与男孩子交往的尺度，做到既能展现女孩子的魅力又能避免吞食苦果。

首先，不要过分热情。如果女孩子在交往中表现得过分热情，就会让对方觉得是轻佻之人，往往会产生非分之想，不利于正常交往。

其次，要保持警觉。“食色，性也”，不排除很多男孩子都有好色之嫌，所以女孩子要时刻保持警觉性，这样才能及时发现色狼的不良动机，采取防御行动。

再次，不要总是不理不睬。虽然在交往中一般都是男孩子采取主动，但是如果女孩子一直不理不睬的，保持着“冰山冷美人”的形象，不用多久就没有男孩子敢接近了。

除此之外，父母还要让孩子在与异性交往的过程中，保持广泛接触和群体形式，注意交往的分寸；少与异性单独接触，没有特殊需要不单独约会；注意把握和控制自己的性冲动，避免由于朦胧而产生的偏差，珍惜少男少女的纯洁；理智地、有分寸地对待出乎意料的感情越轨，尤其对待“性诱惑”要敢于说“不”。

教会孩子接待、拜访之道

如何待客是反映孩子内心世界的一面镜子，父母应该给予重视，切莫以为这只是大人的事情。“教孩子学会待客”，这不是什么教育的大课题，但它却折射出家庭教育的一个重要方面。

（一）父母教育造成孩子差异

家里来了客人，孩子会做出各种表现：

1. 有的孩子见了陌生的客人，站在角落里，不声不响，默默地注视着客人的举动，即使客人跟他讲话，他也是笑而不答，或表现得相当紧张。

有的甚至躲进厨房，不肯出来见客人，显得胆小、拘谨，对客人的态度冷漠。

2. 有的孩子，家里来了客人，尤其是自己亲近熟悉的客人，便会很兴奋。会抓住一切机会展示自己，甚至有可能做出很多失礼的行为。

3. 还有的孩子，在家里来客人时，能主动招呼客人，拿出糖果招待客人，表现得热情有礼，落落大方。

孩子在家中来客时的种种表现虽然和他们的个性心理有关，但更多的是和父母平时对孩子的教育有关。来客时表现不佳的孩子，父母往往缺乏对他们在这方面的培养和训练，在接待客人时，忽视了孩子在家中的地位。那些在家中来客时表现较好的孩子，父母往往比较重视在这方面的培养，让孩子和成人一起接待客人，孩子逐渐地消除了对陌生人的紧张心理，学会了一些待人接物的方法，表现得落落大方。

（二）传授待客之道

待客，是家庭生活中的常事，也是教育和培养孩子的良好契机。那么，父母应如何使孩子在待客的过程中受到教育呢？父母又该注意些什么问题？

1. 明确意义

父母不能因为害怕孩子在客人面前失礼，丢自己的脸，而把孩子关在卧室或是放到外面去玩，父母应该认识到，让孩子共同参加接待客人的活动，对孩子而言，起码有以下几个好处：

①有利于培养孩子的主人翁感

孩子在参与接待客人的过程中，体会到自己和客人的地位不同，自然会产生一种自豪感和责任感，他会比平时小心十分，殷勤百倍。

②有利于培养孩子礼貌待人的好习惯

要接待好客人，让客人满意，孩子就必须在语言行为上都讲究礼貌，接待客人实质上是给孩子提供了礼貌待人的练习机会。

③能使孩子学到一些待人接物的方法

2. 培养能力

当然，孩子是不可能天生就会接待客人的，这就需要父母的帮助和引导。

①让孩子做好心理准备

在客人尚未到来之前，父母应告诉孩子，什么时间，谁要来。假如客人是第一次上门，还要告诉孩子，客人与父母、与孩子的关系，该如何称呼，使孩子在心理上做好接待客人的准备。

②与孩子一起做准备

父母可以和孩子一起做接待客人的准备工作，如打扫房间，采购糖果，和孩子共同创造一个欢迎客人的气氛。

③指点孩子接待客人

父母除了自己热情招待客人以外，还要指点孩子接待客人，让孩子感到自己是家中的小主人。例如，客人来了，父母要指点孩子招呼每一个人，请客人坐，请客人吃糖果。还可以让孩子把自己的玩具拿出来给小客人玩，把自己的相册拿给大家看。

④让孩子学着与客人交谈

父母应鼓励孩子大方地回答客人的问话，提醒孩子别人在讲话时不随便插嘴。如果孩子在某一方面有特长，可以提议让孩子为客人表演，以制造一种轻松、愉快、热烈的气氛。但不能每次来客人都让孩子表演，表演多了会使孩子形成好表现自己的坏习惯。

⑤根据孩子的特点提要求

在让孩子学习接待客人时，要注意根据孩子的特点对孩子提出要求，不要强求孩子做不愿意干的事。例如，对待胆小怕事的孩子，要求简单些，可以让孩子与客人见见面就行，以后再逐步引导，提高要求。对于“人来疯”的孩子，父母应先让他离开大家一会儿，等其冷静下来后，再让他和大家在一起。切忌在客人面前大声训斥和指责孩子，以免伤害孩子的自尊心。

⑥评价孩子在客人面前的表现

客人走后，要及时评价孩子的表现，肯定好的地方，指出不足的地方，并要求孩子今后改正，使孩子接待客人的能力逐步提高。例如，以前孩子会表现出“人来疯”，可是今天很懂事，老毛病没有犯，父母就应及时表扬他的进步，并要求他以后客人来时要和今天一样。

3. 教会接待礼仪

中国的待客礼仪复杂深奥，孩子受限于年龄及心理成熟度，不可能面面俱到，但父母起码要将以下这些礼节灌输给孩子：

①家里有客人来，应该和父母一起把屋子收拾整洁，还要注意个人的仪容与仪表。

②听到客人敲门或按门铃，要尽快应答、开门。客人进门之后要亲切微笑，如果提着东西或者雨伞，要主动帮助提接。

③客人进门后，要及时递上拖鞋或鞋套；给客人敬茶时不能倒满，只倒半杯茶，因为茶凉了可续茶。

④自己的同学、朋友来访，应热情迎接。初次来访，应给父母逐个介绍，然后把最佳座位让给客人，可用茶水、糖果、玩具、图书等招待。

⑤接待老师应像接待长辈一样热情庄重。

⑥父母的朋友带小孩子来访，应同小孩一同玩，或给他们讲故事，和他们一起听音乐、看电视。不要和对方抢东西，打架。

⑦吃饭时，同学、朋友来访，应主动邀其一起用餐，如果客人申明吃过，先安排朋友就座，找些书报或杂志给他看后再接着吃饭。

⑧吃饭时，好吃的东西，爱吃的东西，首先让长辈、客人吃，不能自己一个人全吃、抢吃；取菜时，尽量取自己面前的，看准哪个就夹它，别翻来覆去地挑；吃完饭后放下碗，要有礼貌地对还没吃完的人说："请大家慢用。"

⑨不能随便接受别人赠予的礼物，但是对于别人要大方。逢年过节，客人给红包，在父母示意可以收下的时候，双手接红包，一定要说"谢谢"。拿了红包，不要当着客人的面拆红包，那是非常没礼貌的表现。

⑩客人起身告辞时，要站立起来，随同家长一起送客，客人离开之后再关门。

（三）传授拜访礼仪

父母带着孩子走亲访友是常事，如果孩子外出做客没规矩，不仅会破坏当时的快乐气氛，还会让人质疑孩子的教养和父母的品格。所以，出门前父母一定要给孩子打好"预防针"，还可以利用路上的时间，适当强调一下"规矩"，让孩子学会自控，做个有礼貌的小客人。

1. 带孩子做客前，要让孩子穿戴整洁，着装要朴素、大方，以表示对主人的尊重。如果即将拜访的是孩子熟悉的亲朋好友，不妨让孩子自己打电话预约。另外，如果拜访的对象是孩子的朋友，那么拜访前一定提醒孩子给对方准备小礼物。

2. 告诉孩子，到别人家做客，进门以后，见到主人的第一件事就是打招呼、问好，并且教会孩子正确使用称呼，如叔叔、阿姨、爷爷、奶奶、哥哥、姐姐等。如果要拜访的是孩子不熟悉的客人，应提前教孩子如何称呼将要见面的客人。对于孩子平常少用的一些称呼，叫的时候难免会有些口生，为了避免这种情况的出现，父母应在见面前多带孩子练习。

3. 主人请吃东西时，要说谢谢，但不要吃得太多，不要狼吞虎咽。如果主人没有邀请，一定不要随便吃主人家的食品。

4. 不要在主人家里调皮捣蛋、乱翻东西，未经主人允许，不要到其他房间走动，更不能只顾自己开心，在沙发上、床上一通折腾。

5. 大人们谈话聊天的时候，不要随便插嘴，如果有事情要告诉爸爸、妈妈，大大方方说出来，不要咬耳朵，这是不礼貌的表现。

6. 很多客人会问孩子一些问题，比如“叫什么？多大了？在哪里上学？”要鼓励孩子大大方方回答，不要忸捏。但如果孩子真的很怕生、不愿意回答，家长也不应强求，可先让孩子适应陌生的环境，等到与主人熟悉后再进行进一步的交流。

7. 带孩子去做客之前，先要和孩子一起探讨，该如何和主人家的孩子相处。告诉孩子，小主人提供什么玩具就玩什么，不要肆意乱翻。看到自己没有的“好玩意儿”，可不要想着据为己有，征得同意后再拿过来玩，之后还要记得放回原处。

8. 到别人家做客，吃东西剩下的果壳、果皮要主动扔到垃圾桶里，或者放到指定的地方，不要随手乱扔。饭前饭后要洗手，如果手上沾上了果汁、菜汤，更要及时清理干净，以免弄脏桌布或家具。

9. 面对可爱的孩子，主人往往会准备精美的礼物，或食物、糖果等。接受的时候，一定记得道谢。

10. 如果对方留饭，餐座上需要注意的事项，同上。

11. 向主人告辞前，一定要向主人表示谢意，并要真诚地邀请主人到自己家去做客。要语气温和地向主人家中的每一个人告别，并请主人留步，不要远送。如果主人是站在门口目送时，那么孩子应该在走出几步后或在转弯处，回过身来向主人告别，并要向主人说“请回”或“再见”等告别语。

对“人来疯”孩子适当引导

有的孩子见家里来了客人，便拼命地表现自己，一会儿要喝水，一会儿要吃东西，一会儿翻抽屉，甚至为了一点小事大哭大闹，显得不懂礼貌，不能克制自己，以“人来疯”的方式引起别人对自己的注意，表示自己的存在。

（一）“人来疯”是孩子引人注意的方法

什么是“人来疯”？就是指喜欢在人前表现，人越多，他就越兴奋。这种情况易发生在生活单调、缺乏乐趣的孩子身上。这种孩子特别希望家里来人，因为来人可以打破家里平凡枯燥的气氛，并使之活跃起来。

小崔的父母都是作家，平时很喜欢安静，家里很少来客人。而爸爸、妈妈也不太喜欢小崔把自己的朋友带回家玩耍，所以，尽管小崔的性格活泼好动，可是也只能一个人在家里孤单地望着天花板，实在觉得无聊的时候，也只能靠上网聊天打发时间了。

小崔整天抱怨，自己再这样下去会得自闭症的。

这天是爸爸、妈妈结婚 15 周年的纪念日，妈妈决定在家里办个聚会。小崔可高兴了，甚至看起来比父母还兴奋，因为，他终于可以好好地玩个痛快，笑个痛快了。

聚会开始了，小崔热情地接待来宾，自己也是玩得不亦乐乎。小崔和大家高声地谈笑，还在众人面前跳起了舞。客人们对小崔的父母说：“小崔这孩子和你们性格不太一样呀，特别的活泼好动。”妈妈笑着回答：“呵呵，这个孩子就是一个‘人来疯’，闹着呢！”

孩子的“人来疯”有时确实会表现得很夸张，甚至会让父母感到难堪，但孩子的这种表现并不是一种缺陷，更不是一种病或弱点。“人来疯”的举动只不过是孩子想让别人注意自己，重视自己的一种表现。

（二）为什么孩子会产生“人来疯”心理

1. 宝宝很寂寞

很多家庭平时生活单调，难以满足孩子活泼爱玩的天性。对于孩子来说，家里来了客人可是一件新鲜事，旺盛的精力恨不得全爆发出来。

2. 宝宝受冷落

孩子在两岁以后自我意识开始萌发，知道自己是不同于别人的独立个体，希望大家能注意到自己的存在。如果家里来了客人，父母只顾着待客，忽略了孩子，他就会使出浑身解数来吸引家长和客人的注意。

3. 宝宝有欲求

现在的孩子都是“小人精”，他们知道，有客人在场的时候，凡事都好商量，很多要求在这个时候都会得到满足，所以家里来了客人，他们就特别闹，一会儿这样，一会儿那样，为的是使父母满足自己的欲求。

4. 宝宝爱表现

孩子三四岁以后，社会性开始发展，愿意与人亲近，但是缺乏社交技巧，一不小心就表现过头了。还有些孩子神经系统的兴奋过程比抑制过程占优势，不擅长控制自己的情绪情感。客人夸奖几句，他就更来劲了。

（三）正确引导“人来疯”的孩子

对于孩子“人来疯”的问题，父母应该首先从自己身上找原因，因为很多时候正是家庭环境的影响，造成了孩子的这种心理状态，因此，创造良好的家庭氛围是解决孩子“人来疯”的根本方法。

1. 父母首先要看到孩子“人来疯”积极的一面。当家里来客人的时候，父母可以让孩子在人前展示自己的特长，跳个舞、唱个歌都可以，由于有客人的注视，孩子会觉得自己很棒。听到客人的夸奖，心里更是美滋滋的，来自外人的夸奖是对孩子最好的激励。

2. 不要过分宠爱孩子，不搞特殊待遇，如果父母不事事都围着孩子转，孩子也就不会要求大家都围着他转了。

3. 当客人来时，还要对孩子适当地注意，不能把他撇到一边，可先向客人介绍一下孩子，然后适当地让孩子也参与到招呼客人的事宜上，比如给客人拿水果、递水什么的，别忘了对他礼貌、懂事的行为进行及时表扬，这样孩子会得到满足，觉得父母仍在关注着他，也觉得有安全感，他也会在这一过程中使得自己的良好行为得到强化。

4. 拿出更多的时间陪陪孩子，给孩子讲故事，和孩子一起做游戏，并针对性地讲一些有礼貌的小故事。每回客人来时，可以让他露两手“绝技”，比如让他背两首唐诗，让他讲个小故事，或是让客人看看他画的画儿，有了关心和认可，孩子就不那么张扬无礼了。

5. “人来疯”的孩子精力充沛，父母可以把他们引导到一些发展特长的项目上来。父母要从小培养孩子活泼开朗的性格，应意识到“人来疯”是孩子自我完善的极度渴望，应把孩子过剩的精力用积极的方式释放出来。

6. 多让孩子出去活动，让他与别的伙伴交往，做些体育活动，经常有活动，孩子就不会看见什么都兴奋了。

7. 父母要有原则，不要因为外人在场就答应孩子的不合理要求，以此换取一时的安宁。一旦孩子尝到甜头，下次就会故伎重施。无论何时何地，父母的管教原则一定要坚持到底。

最后着重提醒父母，不要整天在别人面前说孩子是“人来疯”，这种话语孩子是不喜欢的，可以换种口吻，说孩子“很活泼”、“很开朗”等。